输变电工程
建设专项费用计算方法
交通疏解

组　编　广东省电力建设定额站

主　编　姜玉梁　高晓彬

副主编　侯　凯　赖启结

中国电力出版社
CHINA ELECTRIC POWER PRESS

内 容 提 要

　　本书针对输变电工程建设常见的交通疏解情形,系统梳理了交通疏解项目管理现状及相关法规政策,从进度、质量、安全、造价等项目管理要素出发梳理了交通疏解项目的管理要点。在此基础上重点针对计价依据不完善、计价争议多等难点问题,介绍了交通疏解方案编制与报批、疏解人员、疏解设施等各项费用的计算方法和计价指引。最后给出案例展示交通疏解项目计价的操作方法。

　　本书可供参与输变电工程建设的建设管理单位、设计单位、施工单位、监理单位等从业人员使用,也可为相关的造价咨询或研究人员提供参考。

图书在版编目(CIP)数据

输变电工程建设专项费用计算方法. 交通疏解 / 广东省电力建设定额站组编;姜玉梁,高晓彬主编. -- 北京:中国电力出版社,2025. 3. -- ISBN 978-7-5198-9794-9

Ⅰ. TM7;TM63

中国国家版本馆 CIP 数据核字第 20252B11M8 号

出版发行:中国电力出版社
地　　址:北京市东城区北京站西街 19 号(邮政编码 100005)
网　　址:http://www.cepp.sgcc.com.cn
责任编辑:杨淑玲(010-63412602)
责任校对:黄　蓓　王海南
装帧设计:张俊霞
责任印制:杨晓东

印　　刷:北京天泽润科贸有限公司
版　　次:2025 年 3 月第一版
印　　次:2025 年 3 月北京第一次印刷
开　　本:710 毫米×1000 毫米　16 开本
印　　张:5.75
字　　数:86 千字
定　　价:28.00 元

本书编委会

组编单位 广东省电力建设定额站

参编单位 佛山市天诚工程咨询管理有限公司

主　　编 姜玉梁　高晓彬

副 主 编 侯　凯　赖启结

参编人员 马大奎　刘刚刚　王流火　吴　旻　杨治飞　周　妍
　　　　　　梅诗妍　胡晋岚　秦　燕　秦万祥　赵芳菲　孙　罡
　　　　　　于炳慧　陈　颖　黄超超　向士巍　邹秀明　滕　飞
　　　　　　邓翔鹏　欧阳晓浩

前　　言

以人民为中心的发展理念要求电网企业注重社会与环境的友好，尽量减少工程建设对人民群众生产生活的干扰。然而当前在输变电建设过程中，尤其是靠近城镇区域的输变电工程建设受限于站址及线路走廊的政策及技术要求，导致符合电网建设要求的国土空间资源越来越紧张，输变电工程建设面临着日趋严苛的建设环境和建设要求，越来越多的工程不得不采取占道施工等方式开展。在此背景下，交通疏解日益成为城镇输变电工程建设重要内容之一。

当前关于输变电工程交通疏解项目的建设管理缺乏系统全面的指导文件和参考资料，进而导致项目参建人员难以完整掌握输变电工程建设交通疏解专项的管理与计价相关知识，制约了相关项目实施的科学性和规范性提升。

本书编写团队基于多年项目管理经验，系统梳理了输变电工程交通疏解项目的建设管理知识，并聚焦一线人员项目管理难点，重点针对交通疏解项目的计价方法进行阐述。本书共分为5章，第1章简要叙述了输变电工程建设管理和造价管理现状，剖析了新形势下输变电工程建设环境面临的新要求；第2章阐述了输变电工程建设交通疏解的现状，包括定义、相关技术规程规范、管理现状，以及相关法律法规对交通疏解工作提出的要求；第3章针对交通疏解项目管理进行阐述，包括项目目标和相关方的识别与确定，以及进度、技术、质量、安全、造价等方面的管理要点；第4章重点针对交通疏解计价的疑难问题进行介绍，包括造价构成，交通疏解方案编制与报批、疏解人员、疏解设施等各项费用计算方法等，在此基础上提供了计价指引；第5章依托典型案例介绍了交通疏解项目计价的操作方法，以更直观的形式对本书提供的方法进行阐述。

本书紧密围绕项目管理的科学性和造价管理规范性，为相关从业人员提供有益启发和参考。限于时间和编者水平，难免存在不足之处，恳请广大读者批评指正，帮助我们持续改进和完善。

编者

2024 年 12 月

目　　录

第1章 输变电工程概述

1.1 输变电工程建设现状

1.1.1 输变电工程简介

输变电工程是指将发电厂发出的电能通过输电线路输送到变电站，再经过变电站变压、配电，最终送达用户终端的设施，包括输电线路、输电塔、变电站以及与之相关的技术设备等。狭义的输变电工程包括输电工程和变电工程两大类，广义的输变电工程包括配电工程等。

输电线路是输送电能的通道，它通过高压输电方式将发电厂产生的电能输送到变电站。输电线路通常由导线、绝缘子、支柱等组成，能够承受高压电能的传输，如图 1-1 所示。

图 1-1 架空输电线路

变电站是输变电工程中的核心设施，它负责将输送的高压电能变换和分配，并将电能分配给各个用户终端。变电站通常包括变压器、开关设备、保护设备等，能够对电能进行变换和分配，如图 1-2 所示。

图 1-2　变电站

配电系统是输变电工程中的最后一环，它负责将变电站分配的电能送达用户终端。配电系统通常包括开关设备、电能表、配电箱等设备，能够对电能进行分配和计量。图 1-3 所示为配电房。

图 1-3　配电房

输变电工程建设是指根据实际需求和规划，通过设计、施工、安装等一系列工作，建设输变电设施并确保其正常运行的过程。输变电工程建设归属于工程建设的范畴。

1.1.2 输变电工程建设规模现状

近年来，我国电力工程建设取得了长足发展，尤其是 2014 年 6 月"四个革命、一个合作"能源安全新战略提出以来，我国能源发展的战略方向更加明确，统筹能源高质量发展和高水平安全有了根本遵循。目前，我国发电装机容量、新能源装机容量、输电线路长度、变电容量、发电量、用电量保持世界首位。近十年来，我国全社会用电量由 5.3 万亿 kW·h 增长到 9.8 万亿 kW·h，以用电量年均 5.6% 的增速有力支撑了年均超过 6% 的经济增长。截至 2023 年年底，我国发电装机容量达到 29.2 亿 kW，水电、风电、太阳能发电等可再生能源总装机容量达到 14.7 亿 kW，占发电总装机容量比重超过 50%，超过火电装机容量。截至 2024 年 12 月底，全国累计发电装机容量约 33.5 亿 kW，同比增长 14.6%。其中，太阳能发电装机容量约 8.9 亿 kW，同比增长 45.2%；风电装机容量约 5.2 亿 kW，同比增长 18.0%。

作为关系国家能源安全和国民经济命脉的电网企业，近十年来深入贯彻落实能源安全新战略，坚定不移推进能源消费革命、能源供给革命、能源技术革命、能源体制革命，深化国际合作，更好支撑和服务中国式现代化。截至 2023 年年底，全国电网 220kV 及以上输电线路长达 919 667km，同比增长 4.6%。全国电网 220kV 及以上公用变电设备容量为 542 400 万 kVA，同比增长 5.7%。2023 年，全国跨区输电能力达到 18 815 万 kW，同比持平；全国完成跨区输送电量 8497 亿 kW·h，同比增长 9.7%。

在电力投资方面，2023 年，全国主要电力企业合计完成投资 15 502 亿元，同比增长 24.7%。全国电源工程建设完成投资 10 225 亿元，同比增长 37.7%，占电力投资比重达 66.0%。其中，水电投资 1029 亿元，同比增长 18.0%（其中抽水蓄能投资同比增长 40%，占水电投资比重达 46.7%）；火电投资 1124 亿元，同比增长 25.6%；核电 1003 亿元，同比增长 27.7%；风电投资 2753 亿元，同比增长 36.9%；太阳能发电完成 4316 亿元，同比增长 50.7%。非化石能源发电投资同比增长 39.2%，占电源投资比重达到 89.2%，电源投资加速绿色低碳转型。

其中电网投资方面，2022 年全国电网工程建设完成投资 5006 亿元，比 2021 年增长 1.8%。其中，直流工程投资 316 亿元，交流工程投资 4505 亿元。2023 年全国电网工程建设完成投资 5277 亿元，同比增长 5.4%。其中，直流工程投资 145 亿元，同比下降 53.9%；交流工程投资 4987 亿元，同比增长 10.7%，占电网总投资的 94.5%。电网企业进一步加强农网巩固与提升配电网建设，110kV 及以下等级电网投资 2902 亿元，占电网工程投资总额的 55.0%。2023 年全国电网工程投资完成 5275 亿元，同比增长 5.4%。2024 年全国电网工程投资完成 6083 亿元，同比增长 15.3%。未来一段时间，在大型能源基地建设、新能源接入等背景下，输变电工程建设规模预计将继续保持高位态势。

1.1.3 输变电工程建设发展趋势

（1）我国电力消费仍呈现增长态势，相应地输变电工程建设需求将会持续强劲。

2024 年全社会用电量达到 98 521 亿 kW•h，同比增长 6.8%。自 2013 年以来，电力需求稳步增长，全社会用电量增加 3.88 万亿 kW•h，10 年平均增速约 5.6%。用电结构继续优化，第三产业用电量年均增速 10.3%，用电比重提高了 6.4 个百分点；居民生活用电年均增速 7.1%，用电比重提高约 2 个百分点。图 1-4 所示为 2014—2024 年全社会用电量增长及同比增速。

（2）新型电力系统正加速构建，消纳新能源是建设输变电工程的重要目的之一。

作为新型能源体系的重要组成部分，清洁低碳、安全充裕、经济高效、供需协同、灵活智能的新型电力系统承载着新的历史使命。清洁低碳，就是要形成以清洁为主导、以电为中心的能源供给和消费体系，能源供给侧实现多元化、清洁化、低碳化，能源消费侧实现高效化、减量化、电气化；安全充裕，就是要支撑性电源和调节性资源占比合理，各级电网协调发展、结构坚强可靠，系统承载能力强、资源配置水平高、要素交互效果好；经济高效，就是要以科学供给满足合理能源电力需求，转型成本公平分担、及时传导，系统整体运行效率高；供需协同，就是要源网荷储多要素协调互动，多形态电网并存，多层次系统共营，多能源系统互联，实现高质量供需动态平衡；灵活智能，就是要融合应用新型数字化技术、先进信息通信技术、先进控制技术，实现能量流和信息流的深度融合，数字化、网络化、智能化特征显著。

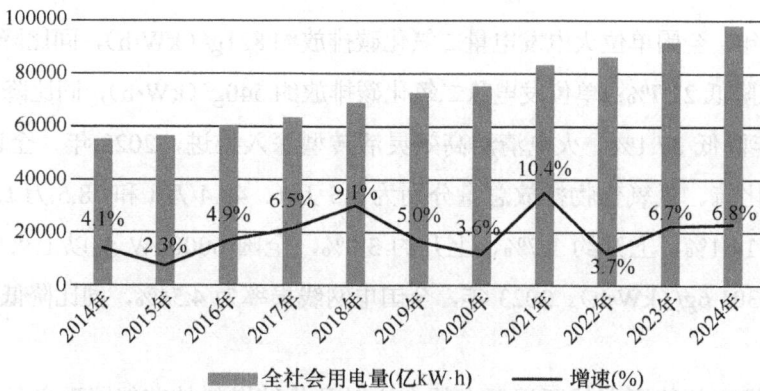

图1-4 2014—2024年全社会用电量增长及同比增速

截至2023年年底，全国发电装机容量29.2亿kW，其中非化石能源发电装机突破15.7亿kW，同比增长23.9%，占全国总装机53.9%，历史性超过火电装机。尤其是新型储能爆发式增长，2023年新增规模约2260万kW，是2022年年末新型储能规模的2.6倍。新能源进入跨越式增长的新阶段使得新能源的消纳压力持续增大，需以保障新能源合理消纳利用为目标，确定调节能力需求，源网荷储四端统筹优化。预计到2025年，源网荷储各侧调节能力协调发展，可调用的最大调节能力提升约3亿kW。这就要求在规划输变电工程时，更多考虑到新能源消纳的需求。

（3）绿色低碳、数字化成为输变电工程科技创新的重要着力点。

"双碳"目标下，我国电力行业降碳减污工作扎实推进。电力中长期绿色低碳发展助力践行"双碳"目标。从需求总量上看，我国经济发展长期向好，电力需求将持续保持刚性增长。预计2030年全国全社会用电量达到13万亿kW·h

以上，绿氢、抽水蓄能和新型储能的用电需求将显著提高。从供应结构上看，推动能源供给体系清洁化、低碳化，持续加大非化石电力供给，推进大型风光电基地及其配套调节性电源规划建设，统筹优化抽水蓄能建设布局。预计 2030 年，全国非化石能源发电装机占比接近 70%，带动非化石能源消费比重达到 25%以上。从消费结构上看，深入实施可再生能源消费替代，全面推进终端能源消费电气化进程。预计 2030 年，全国电能占终端能源消费比重有望达到 35%。

2023 年，全国单位火电发电量二氧化碳排放约 821g/（kW•h），同比降低 0.4%，比 2005 年降低 21.7%；单位发电量二氧化碳排放约 540g/（kW•h），同比降低 0.2%，比 2005 年降低 37.1%。火电清洁高效灵活转型深入推进，2023 年，全国火电烟尘、二氧化硫、氮氧化物排放总量分别为 8.5 万 t、48.4 万 t 和 78.5 万 t，同比分别下降约 14.1%、上升约 1.7%、上升约 3.0%，全国 6000kW 及以上火电厂供电标准煤耗 301.6g/（kW•h）。2023 年，全国电网线损率为 4.54%，同比降低 0.3 个百分点。

除了提高新能源在能源消耗中的占比以及传统燃料的节能降碳之外，电力基础设施自身的绿色低碳也是科技创新的研究方向之一。当前，行业内已陆续开展了新型导线、低碳装配式变电站等相关研究，未来如何度量并降低输变电工程自身建设过程的碳排放水平将是从业人员面临的重要课题。

与此同时，数字电网建设已经是当前及未来输变电工程建设的主流。新型电力系统建设背景下，数字电网是其最佳载体，电力数字基础设施和数据资源体系基础不断夯实。2023 年，电力企业进一步深入实施国有企业数字化转型行动计划，完善体制机制、推进试点示范、探索对标评估、加强合作发展。电源领域特别是新能源发电依托数字化新技术，提升生产运营的数字化水平，实现对发电设施的远程监控和智能化管理，显著提升发电效率和经济效益；电网领域充分挖掘电力数据价值，以"电力＋算力"带动电力产业能级跃升，通过数字化转型促进数字技术渗透各环节，基于源网荷储协同发展，逐步构成"大电网＋微电网"的电网形态。2023 年，电力行业主要电力企业数字化投入为 396.46 亿元，电力数字化领域的专利数量、软件著作数量、获奖数分别为 5149 项、39 614 项、1450

项。物联网、云计算、大数据等新技术的发展和应用推动输变电工程向着数字化、智能化的方向发展。未来，智能变电站、智能输电线路的建设将成为输变电工程建设领域的主流。

1.2 输变电工程建设管理

1.2.1 工程建设项目管理内容

1. 美国项目管理协会的项目管理内容

根据美国项目管理协会的 PMBOK 对项目管理知识体系的梳理，项目管理一般包括五大过程，即项目的启动过程、计划过程、执行过程、监控过程、收尾过程，这五个过程贯穿项目的整个生命周期。

启动过程是项目管理的初始阶段，它涉及项目的识别和确定。在这个阶段，项目管理团队需要明确项目的背景、目标、范围，以及关键利益相关者的需求和期望。启动过程还包括确定项目经理和项目团队、分配资源，并编制项目章程，正式授权项目开始。

计划过程是项目管理中至关重要的一环，它决定了项目的实施方式和步骤。在规划过程中，项目管理团队需要制订详细的项目计划，包括时间管理计划、成本管理计划、质量管理计划等。

执行过程是项目管理中的实施阶段，它涉及项目计划的具体实施和任务的完成。在这个阶段，项目团队成员根据项目计划开展各项工作，确保项目的顺利进行。

监控过程是项目管理中的控制阶段，它关注项目的进展和绩效，确保项目按计划进行。在监控过程中，项目管理团队需要收集和分析项目数据，评估项目的进度、成本和质量等方面的绩效。如果发现偏差或问题，需要及时采取纠正措施，以确保项目能够按时、按预算、按质量完成。

收尾过程是项目管理的最后阶段，它涉及项目的总结和归档工作。在收尾过程中，项目管理团队需要整理项目文档和资料，进行项目绩效评估，总结项目经验和教训。

此外，PMBOK 还将 5 大管理过程涉及的知识分解为 10 大知识领域，即项目整合管理、项目范围管理、项目时间管理、项目成本管理、项目质量管理、项目人力资源管理、项目沟通管理、项目风险管理、项目采购管理、项目相关方管理。

项目整合管理：是为了确保项目的多个部分协同工作，包括制定项目章程、管理计划和执行综合变更控制等过程。

项目范围管理：明确并控制项目的工作内容，保证所有必要的工作得到完成而没有多余工作，涉及规划范围、收集需求、定义范围等活动。

项目时间管理：包括规划进度管理、定义活动、排列活动顺序、估算活动持续时间以及制订进度计划等，旨在确保项目按时完成。

项目成本管理：涉及规划成本管理、估算成本、制定预算以及控制成本等，目的是确保项目在批准的预算内完成。

项目质量管理：确保项目满足相关的质量标准，通过规划质量管理、管理质量以及控制质量来实现。

项目人力资源管理：关注项目团队的管理，包括规划资源管理、组建团队、发展团队以及管理团队等，目的是利用人力资源实现项目目标。

项目沟通管理：确保及时有效地生成、收集、发布、存储、检索和最终处置项目信息，包括规划沟通管理、管理沟通和监督沟通等过程。

项目风险管理：涉及规划风险管理、识别风险、实施风险分析、规划风险应对以及监控风险等，目标是提高项目成功的可能性。

项目采购管理：处理从项目团队外部购买或获取产品、服务或结果的过程，包括规划采购、实施采购以及控制采购等。

项目相关方管理：包括项目相关方和干系人的识别，规划并管理项目相关方和干系人在项目中的参与情况。

2. 我国建设工程项目管理相关内容

（1）项目管理过程。

《建设工程项目管理规范》（GB/T 50326—2017）提出项目管理流程应包

括启动、策划、实施、监控和收尾过程，各个过程之间相对独立，又相互联系。

启动过程应明确概念，初步确定项目范围，识别影响项目最终结果的内外部相关方。

策划过程应明确项目范围，协调项目相关方期望，优化项目目标，为实现项目目标进行项目管理规划和项目管理配套策划。

实施过程应按项目管理策划要求组织人员和资源，实施具体措施，完成项目管理策划中确定的工作。

监控过程应对照项目管理策划，监督项目活动和分析项目进展情况，识别必要的变更需求并实施变更。

收尾过程应完成全部过程或阶段的所有活动，正式结束项目或阶段。

（2）项目管理内容。

项目管理策划涉及项目管理规划大纲、项目管理实施规划和项目管理配套策划等方面，指导项目从筹备到实施的全过程规划。从工作内容的角度，项目管理可以分为以下几种：

采购与投标管理：包含采购管理和投标管理的规定，指导项目在物资和服务采购及投标过程中的操作。

合同管理：涵盖合同评审、合同订立、合同实施计划、合同实施控制和合同管理总结等方面，规范合同的整个生命周期管理。

设计与技术管理：包括设计管理和技术管理的一般规定，确保项目设计和技术的合理性和先进性。

进度管理：涉及进度计划、进度控制和进度变更管理，确保项目按时完成。

质量管理：包括质量计划、质量控制、质量检查与处置、质量改进等内容，旨在提升项目的质量水平。

成本管理：涵盖成本计划、成本控制、成本核算、成本分析和成本考核，有效控制项目成本，提高经济效益。

安全生产管理：包括安全生产管理计划、实施与检查，强调安全在项目管理中的优先地位。

资源管理：包括人力资源管理、劳务管理、工程材料与设备管理、施工机具与设施管理和资金管理，优化资源配置，保障项目顺利实施。

信息与知识管理：涵盖信息管理计划、信息过程管理、信息安全管理、文件与档案管理、信息技术应用管理和知识管理，提升项目管理信息化水平。

沟通管理：包括相关方需求识别与评估、沟通管理计划、沟通程序与方式、组织协调和冲突管理，确保项目信息的准确传递和有效沟通。

风险管理：涉及风险管理计划、风险识别、风险评估、风险应对和风险监控，降低项目实施过程中的不确定性和潜在损失。

收尾管理：包括竣工验收、竣工结算、竣工决算、保修期管理和项目管理总结，规范项目收尾阶段的各项工作。

管理绩效评价：涵盖管理绩效评价过程、范围、内容和指标，以及评价方法，通过绩效评价推动项目管理水平的不断提升。

3. 输变电工程建设管理内容

对于输变电工程而言，其建设管理一般由电网企业主导实施，相应地管理内容也根据电网企业发展目标、内设部门职责划分等进行了统筹和归纳。

从建设阶段划分的维度，通过对国内输变电工程进行归纳梳理可知，输变电工程建设管理一般以项目建设进度管理为主线，将项目建设的阶段切分为可行性研究阶段、设计阶段（一般分初步设计、施工图设计）、招投标阶段、实施阶段、竣工验收阶段等。

从项目管理专业内容的维度，在各个建设管理阶段中，电网企业相关部门通过计划、组织、控制与协调开展进度管理、技术管理、安全管理、质量管理、造价管理等各专业的管理工作。

从职责分工的维度，电网企业将工程建设项目管理的职责分解并授权规划、基建、供应链、生产、调度、财务、档案等相关部门实施。

（1）规划管理部门负责输变电工程可行性研究批复、办理项目核准等工作，制订年度投资计划、前期计划等，并参与项目总结算。

（2）基建管理部门是输变电工程建设归口管理部门，负责技术管理、工程项目安全管理、质量管理、进度管理、造价管理、采购管理及过程验收、启动投产、专项验收和竣工验收管理，建设全过程环境保护管理。

（3）供应链管理部门负责工程项目物资的采购、供货和品控管理，包括物资供货里程碑进度管控、参与物资现场交接、与项目进度计划匹配的物资费用计划及实施、督促供应商做好工程项目现场服务、配合开展项目结算工作等。

（4）生产管理部门负责制定设备技术规范、工程交接验收，参与设计审查及设备技术规范书审查，参加投产试运，督促运行单位做好生产准备工作，配合做好统一建设技改项目实施管理，配合开展工程质量回访工作。

（5）调度机构负责工程项目并网运行管理，安排项目建设停电计划。参与工程项目设计审查及部分调度相关设备技术规范书审查，参加验收及启动投产；配合开展质量回访工作。

（6）财务管理部门负责下达年度基建投资计划及预算。负责工程项目全过程的财务管理，包括项目预算管理、资金管理、竣工决算等工作。

（7）档案管理部门是工程项目档案管理的业务归口部门，负责基建工程项目档案管理的监督检查指导，组织本单位重大基建项目档案的验收，接收和保管符合公司档案管理要求的相关档案。

1.2.2 输变电工程建设管理的组织模式

常见的工程项目管理模式一般有以下几种：

（1）传统模式：也称为设计－招标－建造（DBB）模式，该模式下设计、招标和建造过程是按顺序独立执行的，通常由不同的实体负责每个阶段。

（2）设计－建造模式：承包商负责项目的设计及建造阶段，客户只与一个实体进行协调，这有助于减少沟通环节，加快项目进度。

（3）交钥匙模式：承包商承担从设计到建造直至试运行的全过程，客户在项目完成后接收一个可以直接运行的工程。

（4）项目管理承包模式：专业的项目管理公司受雇于业主，代表业主对工程设计、采购、施工和试运行等阶段进行管理。

（5）BOT 模式：即建设－运营－移交模式，私营部门融资、建设、运营项目，并在约定的运营期限后移交给政府或公共部门。

当前国内输变电工程建设管理由电网企业主导实施，绝大部分均采用的是传统的设计－招标－建造模式。国内电网企业当前主要实行职能管理和项目管理相结合的管理组织形式，即在总部、省级、地市级单位配置分工明确、职责界面清晰的专业部门，包括前期工作、基建管理、采购管理、财务管理等。而具体负责输变电工程建设实施的是建设单位或业主项目部等项目管理机构。职能管理的定位是发挥统筹工程建设资源、优化建设管理模式、统一建设标准、规范基建各方主体行为的作用，防控工程管理风险。项目管理的定位是贯彻落实职能管理的要求，执行相关工作标准和技术标准，通过负责办理、组织协同、服务指导、监督考核等方式履行业主职责，规范工程参建各方行为，提高工程建设效率，防控工程建设风险，确保工程项目全过程依法合规建设和安全、质量、进度、造价目标实现。

1.3　输变电工程造价管理

1.3.1　计价方法

工程计价是指按照法律法规及标准规范规定的程序、方法和依据，对工程项目实施建设各个阶段的工程造价及其构成内容进行预测和估算的行为。工程计价结果是工程的货币价值、投资控制的依据、合同价款管理的基础。

对于架空输电线路工程而言，计价方法是要在电力行业各项规程规范的基础上，依照企业管理规定对工程各阶段的造价进行科学精准测算。

1. 工程计价的方法

（1）类比匡算法。

当工程项目还没有具体图样和设计方案时，利用建设规模、产出函数对工程投资进行类比匡算。投资的匡算常常基于某个表明设计能力或者形体尺寸的变量，比如建筑面积、道路长度、生产能力等。由于建设规模对造价的影响并非总呈线性关系，因此要选择合适的产出函数，寻找与规模和经济有关的数据。例如生产能力指数法就是利用生产能力和投资额之间的关系函数进行投资估算的方法。

对于架空输电线路工程而言，往往在工程规划或初步可行性研究阶段应用类比匡算法，常用的规模参数包括电压等级、回路数量、线路长度等。

（2）分部组合计价法。

当工程项目已有设计方案和图纸，则适宜采用分部组合计价法，其原理是项目的分解和价格的组合。

项目的分解就是将建设项目逐层分解为单项工程、单位工程、分部工程、分项工程。根据计价需要和计价依据的规定，将分项工程进一步分解或适当组合就可以得到基本构造单元。

价格的组合就是先将最基本的构造单元（假定的建筑安装产品），采用适当的计量单位计算其工程量，套用适用的工程单价，得到各基本构造单元的价格；再对费用按照类别进行组合汇总，计算相应工程造价。计价公式如下：

$$分部分项工程费=\sum（基本构造单元工程量×相应单价）$$

分部组合计价法的核心可分为工程计量和工程组价两个环节。工程计量包括工程项目的划分和工程量的计算。工程组价包括工程单价的确定和总价的计算。工程单价包括工料单价和综合单价。工程总价的计算则分为单价法和实物量法，这些将在后文详述。

对于架空输电线路工程而言，大部分情形下均采用分部组合计价法进行工程各阶段造价计算。计价过程中工程单价的确定及总价的计算执行相应的计价依据。

2. 工程计价的依据

工程计价依据是指在工程计价活动中，所要依据的与计价内容、计价方法和价格标准相关的工程计量计价标准、工程计价定额及工程造价信息等。工程计价依据一般包括工程造价管理标准体系、工程计价定额体系和工程计价信息体系。

（1）工程造价管理标准体系。

工程造价管理标准体系包括统一的工程造价管理基本术语、费用构成等基础标准；工程造价管理行为规范、项目划分和工程量计算规则等规范；工程造价咨询质量标准等。

对于输变电工程而言，国家能源局颁布的《电网工程建设预算编制与计算规定》、各个电网企业发布的造价管理规定，以及其他造价管理文件都属于工程造价管理标准体系的范畴。

（2）工程计价定额体系。

工程计价定额包括工程消耗量定额和工程计价定额等。工程消耗量定额是指完成规定计量单位合格建筑安装产品所消耗的人工、材料、施工机具台班的数量标准；工程计价定额是指直接用于工程计价的定额或指标，包括预算定额、概算定额、概算指标和投资估算指标。

对于架空输电线路工程而言，最主要的计价定额体系就是国家能源局发布的《电力建设工程预算定额 第四册 架空输电线路工程》，当前的最新版本是 2018 年版。

（3）工程计价信息体系。

工程计价信息是指工程造价管理机构发布的建设工程人工、材料、施工机具的价格信息。

对于架空输电线路工程而言，工程计价信息包括电力定额总站定期发布的定额价格水平调整的文件，包括定额人工调整系数和定额材机调整系数。此外，各电网企业定额站发布的设备材料信息价，以及各地方定额站发布的地方性材料信息价也属于工程计价信息体系的范畴。

1.3.2 计价模式

1. 定额计价模式

（1）定额计价模式概述。

定额计价法是采用经国家有关主管部门（如国家能源局）批准颁布的定额对工程进行分部组合计价的方法。定额是在合理的劳动组织和合理地使用材料与机械的条件下，完成一定计量单位合格建筑产品所消耗资源的数量标准。工程定额是一个综合概念，是建设工程造价计价和管理中各类定额的总称，包括许多种类的定额，可以按照不同的原则和方法对它进行分类。基于编制程序和用途的定额分类见表1-1。

表1-1　　　　　　　　　　基于编制程序和用途的定额分类

分类的维度	施工定额	预算定额	概算定额	估算指标
对象	工序	分项工程	扩大的分项工程	独立的单项工程或完成的工程项目
用途	编制施工预算	编制施工图预算	编制初步设计概算或可研估算	编制可研估算或初步可行性研究匡算
项目划分颗粒度	最细	细	较粗	很粗
价格水平	平均先进	平均	平均	平均
性质	生产性定额	计价性定额	计价性定额	计价性定额

基于编制主体和管理权限的定额分类见表1-2。

表1-2　　　　　　　　　基于编制主体和管理权限的定额分类

定额分类	含义
全国统一定额	国家工程建设主管部门综合全国工程建设中技术和施工组织管理的情况编制，并在全国范围内执行的定额
行业统一定额	根据各行业专业工程技术特点，以及施工生产和管理水平所编制的定额。一般是只在本行业和相同专业性质的范围内使用
地区统一定额	包括省、自治区、直辖市定额，根据地区性特点和全国统一定额水平做适当调整和补充所编制的定额
企业定额	根据本企业的施工技术、机械装备和管理水平编制的人工、材料、机具台班等的消耗标准。企业定额在企业内部使用，是企业综合素质的标志。企业定额水平一般应高于国家现行定额，才能满足生产技术发展、企业管理和市场竞争的需要
补充定额	指随着设计、施工技术的发展，现行定额不能满足需要的情况下，为了补充缺陷所编制的定额。补充定额只能在指定范围内使用，可以作为以后修订定额的基础

输变电工程现行的定额为国家能源局2019年颁布的《电力建设工程定额和费用计算规定》（2018年版，以下简称"2018年版电力定额"），包括了《电网工程建设预算编制与计算规定》《电力建设工程概算定额（建筑工程、热力设备安

装工程、电气设备安装工程、调试工程）》《电力建设工程预算定额（建筑工程、热力设备安装工程、电气设备安装工程、架空输电线路工程、电缆输电线路工程、调试工程、通信工程、加工配制品）》。本套定额的编制是为了适应电力发展新形势，进一步统一和规范电力建设工程的计价行为，合理确定和有效控制电力建设工程造价。2018 年版电力定额涵盖了电力建设工程的各个方面，从建筑到调试工程都有详细的规定，具有全面性的特点；它由专业的机构进行修编，确保了定额的专业性和权威性；定额的制定充分考虑到实际工程的需要，具有很强的操作性和指导性。

具体某项定额的价格水平直接体现为定额直接费，由完成一定计量单位合格建筑产品所需要的人工费、计价材料费和施工机械使用费组成。典型的架空输电线路预算定额如图 1-5 所示。

钢筋加工及制作

工作内容：准备，截割，焊接，制弯，整理，捆扎，清理现场。

定额编号		YX3-43	YX3-44
项 目		钢筋	钢筋笼
单 位		t	t
基价/元		531.26	622.56
其中	人工费/元	379.79	455.88
	材料费/元	8.83	9.72
	机械费/元	142.64	156.96
名 称	单位	数 量	
人工 输电普通工	工日	1.1463	1.3759
输电技术工	工日	2.6745	3.2104
计价材料 电焊条 J422 综合	kg	1.7460	1.9210
其他材料费	元	0.1700	0.1900
机械 数控钢筋调直切断机 直径 $\phi1.8\sim3$	台班	0.0741	0.0834
钢筋弯曲机 直径 $\phi40$	台班	0.4144	0.4548
汽油电焊机 电流 160A以内	台班	0.3924	0.4307
内切割机	台班	0.4608	0.5058

注：未计价材料钢筋。

图 1-5 架空输电线路预算定额示意图

目前在架空输电线路工程中，定额计价法应用范围较广，可应用于包括投资估算、初步设计概算、施工图预算、招标限价、投标报价、竣工结算等各阶段造价文件。

（2）定额计价的程序和结果形式。

定额计价法的基本思路是以定额为计价依据，按定额规定的分部分项子目，逐项计算工程量，套用定额单价确定直接工程费，然后按规定取费标准确定构成工程造价的措施费、间接费、利润、税金等。如果工程建设涉及设备，还应当按照计费程序计取设备购置费。在本体费用计算完成后，根据其他费用计算规定得到其他费用，进一步汇总即可得到工程建设静态投资。计取建设期贷款利息后即可得到工程建设的动态投资。定额计价的通用程序如图 1-6 所示。

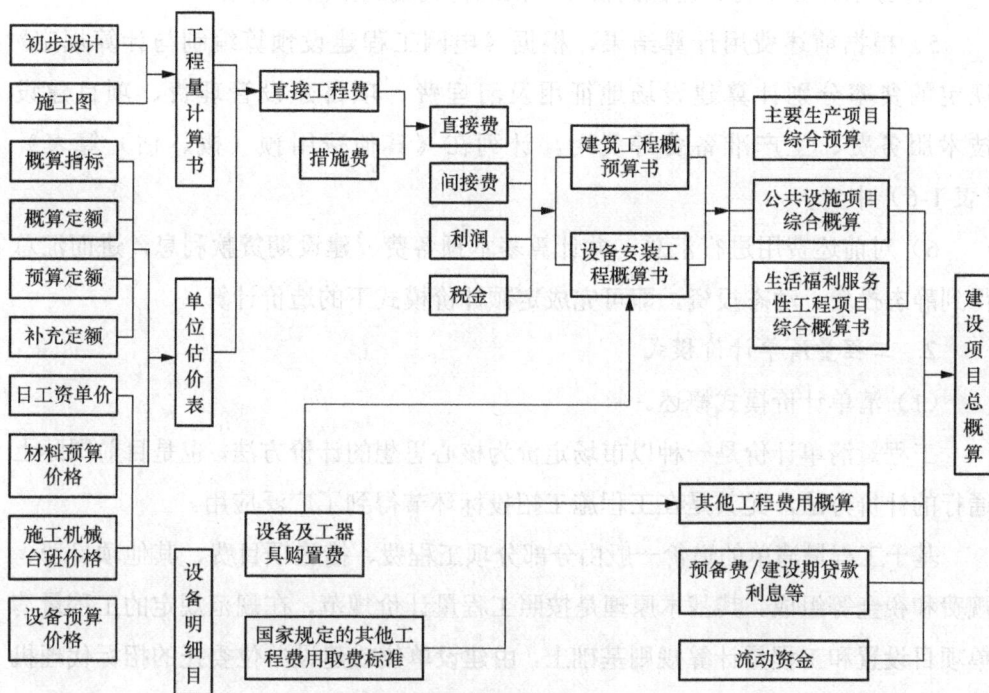

图 1-6　定额计价的通用程序示意图

下面将结合《电网工程建设预算编制与计算规定》（2018 年版）中的表格形式规定，以架空输电线路工程为例，对定额计价步骤进行展示。

1）按照基础工程、杆塔工程、接地工程、架线工程、附件安装工程、辅助工程的顺序，根据图纸或设备材料清册计算定额工程量，套用相应定额后得到定额直接费、装置性材料费等，汇总求和得到直接工程费，计列在《架空输电线路单位工程预（概、估）算表》（表 1-3）中。

2）以直接工程费为基数，根据《电网工程建设预算编制与计算规定》规定的费率，分别计算措施费、规费、企业管理费、施工企业配合调试费、利润、税金等，汇总求得本体工程对应的安装费，在《架空输电线路安装工程汇总预（概、估）算表》（表 1-4）中展现。

3）如果工程涉及辅助设施工程，则在《输电线路辅助设施工程预（概、估）算表》（表 1-5）中汇总计列。

4）分别计算主材、定额的价差，汇总得到编制基准期价差。

5）根据前述费用计算结果，根据《电网工程建设预算编制与计算规定》规定的费率分别计算建设场地征用及清理费、项目建设管理费、项目建设技术服务费、生产准备费等费用，计列在《其他费用预（概、估）算表》（表 1-6）中。

6）对前述费用进行汇总，并计算基本预备费、建设期贷款利息，进而汇总得到静态投资、动态投资，即可完成定额计价模式下的造价计算。

2.　工程量清单计价模式

（1）清单计价模式概述。

工程量清单计价是一种以市场定价为核心思想的计价方法，也是目前国际上通行的计价方法，尤其是在工程施工招投标环节得到了广泛应用。

基于工程量清单的造价一般由分部分项工程费、措施项目费、其他项目费、规费和税金等组成。其基本原理是按照工程量计价规范，在规范规定的工程量清单项目设置和工程量计算规则基础上，由建设单位或建设单位委托的招标代理机构提供的工程量清单，根据规定的方法计算出综合单价，并汇总分部分项工程费、措施项目费、其他项目费、规费和税金，最终计算出工程施工总造价。其中，综合单价是指完成一个规定清单项目所需的人工费、材料和工程设备费、施工机具使用费和企业管理费、利润以及一定范围内的风险费用。风险费用是隐含于已标价工程量清单综合单价中，用于化解发承包双方在工程合同中约定内容和范围内的市场价格波动风险的费用。

表1-3　架空输电线路单位工程预（概、估）算表

（单位：元）

序号	编制依据	项目名称及规格	单位	数量	单价				合价			
					装置性材料/设备	安装费			装置性材料/设备	安装费		
						合计	其中：人工费	其中：机械费		合计	其中：人工费	其中：机械费

表1-4

架空输电线路安装工程汇总预（概、估）算表

（单位：元）

序号	工程或费用名称	取费基数	费率（%）	基础工程	杆塔工程	接地工程	架线工程	附件工程	辅助工程	合计	各项占总计（%）	单位投资（元/km）

表 1-5 输电线路辅助设施工程预（概、估）算表

（单位：元）

序号	工程或费用名称	编制依据及计算说明	总价
	合计		
1	巡线、检修站工程		
1.1	办公室、汽车库及仓库		
1.2	巡检修站征地		
1.3	室外工程		
2	巡线、检修道路工程		
3	生产维护通信设备		
4	生产作业工具		

表 1-6 其他费用预（概、估）算表

（单位：元）

序号	工程或费用项目名称	编制依据及计算说明	合价
	合计		

工程量清单计价活动涵盖施工招标、合同管理以及竣工交付全过程，主要包括编制招标工程量清单、招标控制价、投标报价，确定合同价，进行工程计量与价款支付、合同价款的调整、工程结算和工程计价纠纷处理等活动。工程量清单的应用范围如图 1-7 所示。

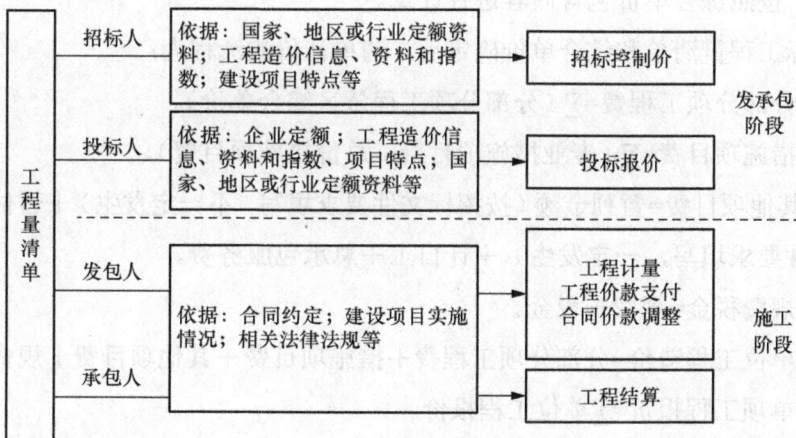

图 1-7 工程量清单的应用范围

（2）清单计价的方法。

清单计价的公式为"工程量×综合单价=总价"，其中：招标工程量清单的确定是在招标文件的基础上，按照施工组织设计、施工规范、验收规范等要求，执行工程量清单计价与计算规范，逐步确定项目名称、项目特征、工程量计算等内容，并最终得到招标工程量清单。工程量清单编制流程如图 1-8 所示。

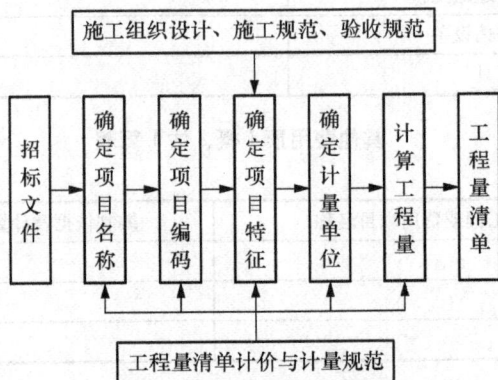

图 1-8　工程量清单编制流程

综合单价的确定是在统一的工程量清单项目设置的基础上，执行统一的工程量清单计量规则，再根据各种渠道所获得的工程造价信息和经验数据计算得到工程造价，按照综合单价包含内容进行计算。

招标工程量清单和综合单价确定后，清单计价的流程为：

1）分部分项工程费=∑（分部分项工程量×综合单价）。

2）措施项目费=∑（专业措施项目费＋总价措施项目费）。

3）其他项目费=暂列金额（按招标文件要求填写，不一定发生）＋暂估价（按招标文件要求填写，一定发生）＋计日工＋总承包服务费。

4）规费税金=规费＋税金。

5）单位工程造价=分部分项工程费＋措施项目费＋其他项目费＋规费税金。

6）单项工程报价=∑单位工程报价。

7）建设项目总报价=∑单项工程报价。

1.3.3 造价管理的理念和目标

1. 造价管理的理念

当前输变电工程造价管理的主流管理理念是全面造价管理的理念，即有效地利用专业知识与技术，对资源、成本、盈利和风险进行筹划和控制，包括全生命周期造价管理、全过程造价管理、全要素造价管理和全方位造价管理。

全生命周期造价管理：是指造价管理时统筹考虑工程初始建造成本和建成后的日常使用成本之和，包括建设前期、建设期、使用期及拆除期各个阶段的成本。

由于在实际管理过程中，在工程建设及使用的不同阶段，工程造价存在诸多不确定性，因此，全生命周期造价管理至今只能作为一种实现建设工程全生命周期造价最小化的指导思想，指导建设工程的投资决策及设计方案的选择。

全过程造价管理：是指覆盖建设工程策划决策及建设实施各个阶段的造价管理，包括前期决策阶段的项目策划、投资估算、项目经济评价、项目融资方案分析，设计阶段的限额设计、方案比选、概预算编制，招标投标阶段的标段划分、承包发包模式及合同形式的选择，施工阶段的工程计量与结算、工程变更控制、索赔管理；竣工验收阶段的竣工结算与决算等。

全要素造价管理：是指全面考虑影响工程造价的诸多因素，即除了工程本身的建造成本外，还应同时考虑工期成本、质量成本、安全与环境成本的控制，从而实现工程成本、工期、质量、安全、环境的集成管理。全要素造价管理的核心是按照优先性的原则，协调和平衡工期、质量、安全、环保与成本之间的对立统一关系。

全方位造价管理：是针对参与方的一种管理理念，在该理念下工程造价管理不仅仅是业主或承包单位的任务，而应该是建设主管部门、行业协会、业主、设计方、承包方以及有关咨询机构的共同任务。尽管各方的地位、利益、角度等有所不同，但必须建立完善的协同工作机制，才能实现建设工程造价的有效控制。

2. 造价管理的目标

对于输变电工程而言，造价管理的主要目标是通过规范的计价行为、结合科学的计价依据进而合理确定工程造价，以及基于全面造价管理理念的造价有效控制，从而确保电网投资效益。

在具体实施中，电网企业往往以资产全生命周期综合效益最大化为目标，遵循依法合规、科学合理和有效控制的原则，合理确定工程造价水平，以分阶段静态控制和全过程动态管理实现各阶段工程造价的有效控制。对于具体工程而言，造价管理的原则是初步设计概算不超可行性研究估算，施工图预算不超初步设计概算，工程结算不超施工图预算。特殊原因引起投资超过可行性研究估算10%，应履行相应的审批手续。

3. 造价管理的内容

输变电工程造价的合理确定方面，就是要在建设程序的各个阶段，合理地确定投资估算、初设概算、施工图预算、合同价、竣工结算价等。

（1）在项目可行性研究阶段，按照有关规定编制的投资估算，经有关部门批准，作为该项目的控制造价。

（2）在初步设计阶段，按照有关规定编制的初步设计总概算，经有关部门批准，即作为拟建项目工程造价的最高限额。

（3）在施工图设计阶段，按规定编制施工图预算，用以核实施工图阶段预算造价是否超过批准的初步设计概算。

（4）对以施工图预算为基础实施招标的工程，承包合同价也是以经济合同形式确定的建筑安装工程造价。

（5）在工程实施阶段要按照承包方实际完成的工程量，以合同价为基础，同时考虑因物价变动所引起的造价变更，以及设计中难以预计的而在实施阶段实际发生的工程和费用，合理确定结算价。

工程造价的有效控制方面，就是在深入开展建设方案优化的基础上，在建设程序的各个阶段，应用管理制度和管控工具将工程造价控制在合理的范围和审定的限额以内。具体说，就是要用投资估算引导设计方案的优化，并作为初步设计概算的控制目标；用初设概算造价引导技术设计的优化，并作为施工图预算的控制目标，进而确保工程设计合理、投资经济。

1.4　新形势下输变电工程建设环境面临的新要求

（1）能源安全新战略要求电网企业坚决保障电力安全可靠供应，输变电工程建设也要尽量减少对电力供应的影响，输变电工程建设引起的保供电愈发普遍。

能源保障和安全事关国计民生，是须臾不可忽视的"国之大者"。确保能源安全是推动我国电力事业高质量发展的重中之重，保障电力可靠供应始终是电网企业的使命所在、价值所在。保障电力供应是经济问题，也是关系国家能源安全、经济社会发展和民生福祉的社会问题、政治问题。全力以赴保安全、保供电、保民生是新时代对电网企业提出的明确要求。电网企业需强化本质供电可靠，持续强化供电可靠性，最大程度减少客户停电时间，积极建设现代供电服务体系，全力保障电力安全稳定运行，做好能源电力保供工作，持续以安全、可靠、优质电力供应护航经济社会发展。

当前暴雨、台风等极端气象灾害频发，同时经济社会的发展使得保民生、保经济、保重要会议等供电任务艰巨。而与此同时，我国电力基础设施已高速发展多年，不可避免地要对旧有电力设施进行迁移、维修、更换等。此外输变电工程建设有时还会引起站址或线路走廊上的低压线路发生迁改。这些工程的开展将不可避免地对区域供电产生影响。

为确保电力安全可靠供应，电网企业在开展输变电工程建设时，需要适时采取保供电措施对片区电力供应进行保障。

（2）以人民为中心的发展理念要求电网企业注重社会与环境的友好，尽量减少工程建设对人民群众生产生活的干扰，因此输变电工程建设过程的交通疏解等民生工作愈发普遍。

当前在输变电建设过程中，尤其是靠近城镇区域的输变电工程建设受限于站址及线路走廊的政策及技术要求，导致符合电网建设要求的国土空间资源越来越紧张。一般而言，站址选择应符合国土规划要求，不得占用基本农田、生态红线、森林公园、水源保护区、矿产资源开发区等。同时应避开各类严重污染源，与飞机场、导航台、卫星地面站、军事设施、通信设施以及易燃易爆设施等。而架空线路工程的线路路径要考虑沿线各类建构筑物的电气安全距离、拆迁青赔成本等因素。因此，可供选择的线路路径及变电站站址越来越有限，越来越多的工程不得不采取占道施工等方式进行开展。

另外，城镇工程建设环境越来越复杂，在工程建设的同时需尽可能减少对城市居民工作生活的干扰。在此背景下，交通疏解是城市输变电工程建设重要内容之一。

图 1-9 所示为位于闹市区的输变电工程。

图 1-9　位于闹市区的输变电工程

（3）管理方面，输变电工程建设的全面依法合规、工程投资的科学合理正受到越来越高的重视，规范开展工程计价是工程建设的必然要求。

规范化开展输变电工程，尤其是管理流程的规范性和计价行为的规范性在输变电工程建设管理中正受到越来越高的重视，然而输变电工程建设引起的保供电、交通疏解尚无统一的计价依据。

当前输变电工程投资建设的计价依据主要为国家能源局发布的《电网工程建设预算编制与计算规定》（2018 年版）；涉及拆除、改造等工作，则主要应用相应的电网技改、检修定额。相关定额均不能较好适配保供电等费用标准。需要开展相关计价依据的研究以支撑工程建设的规范性。

第2章 输变电工程建设交通疏解概述

2.1 工程建设交通疏解介绍

1. 交通疏解的定义

输变电工程交通疏解是指在输变电工程实施过程中，由于工程需要占用已有道路空间，导致道路车行、人行交通组织受到影响，为保障各类交通运行通畅、安全，降低施工占道影响所采取的交通组织疏导和管理措施，以保障工程建设期间交通运行有序、安全。随着城市化进程的加速和电力需求的不断增长，输变电工程作为电力传输和分配的重要基础设施，其在城镇范围内的建设规模日益扩大，从而不可避免地出现占道施工、影响交通等情况，交通疏解在输变电工程建设中也愈发普遍。

交通疏解需要针对施工区域及周边道路交通状况，对影响范围内的道路进行车流及行人疏导，通过科学合理的交通组织和管理措施，确保施工期间道路交通的顺畅与安全，降低施工对交通的影响，保证该段交通的正常运行。交通疏解工作往往涉及交通影响评估、交通疏解方案编制及报批、道路封闭与交通引导、交通疏导设施设置、交通疏导人员投入、清理并移交场地等多方面工作，具体包括：

（1）交通影响评估。根据工程建设规模和工期，以及影响区域内原有交通状况，评估工程建设对区域交通的影响。

（2）交通组织方案设计。根据施工区域的具体情况，制订合理的交通组织方案，包括道路封闭、交通引导、临时交通设施设置等。

（3）交通组织方案的报批。涉及城市道路封闭与导行的，交通疏导方案需经当地的交管部门审批后实施。

（4）交通标志与标线设置。在施工区域周边设置明显的交通标志和标线，引导车辆和行人绕行或改变行驶方向，确保施工区域的安全。

（5）交通管制措施实施。根据交通组织方案，实施相应的交通管制措施，如设置施工围挡、限制车辆通行速度等，以保障施工安全和交通顺畅。

（6）实时监控与调整。通过交通监控设备对施工区域的交通状况进行实时监控，并根据实际情况及时调整交通疏解方案，确保交通疏解工作的有效性。

输变电工程交通疏解常见的实施场景包括：

（1）因开挖需要占用部分或全部道路进行施工的场景。常见的如电缆线路施工、道路原有杆塔迁改或检修等情形，这些项目往往需要对道路路面进行开挖、恢复，项目工期一般较长，交通疏解周期相应较长。图 2-1 所示为因路面开挖而采取的交通疏解措施。

图 2-1　因路面开挖而采取的交通疏解措施

（2）因征用施工作业区而占用部分或全部道路进行施工的场景。常见的如跨越高速架线、旧导线更换、路边电力设施施工等情形，虽可能不涉及道路路面开挖，但因必备的施工作业需要占用部分或全部道路，进而对道路交通产生影响。图 2-2 所示为因征用施工作业区而采取的交通疏解措施。

图 2-2　因征用施工作业区而采取的交通疏解措施

（3）工业区或居民区输变电设施改造。在工业区或居民区进行输配电设施改造时，由于施工区域可能接近、穿越居住区或商业区，虽不影响车辆通行，但是会对行人交通等产生影响，为保证安全，必要时也应采取交通疏解措施，如图 2-3 所示。

图 2-3　因居民区输变电设施改造而采取的交通疏解措施

2. 交通疏解的管理现状

（1）交通疏解的技术规程规范。

道路交通领域的标准规范为工程建设占用道路的交通疏解提出了技术层面的要求。

1）国家标准层面，原国家质量监督检验检疫总局和国家标准化管理委员会发布的《道路交通标志和标线 第 4 部分：作业区》（GB 5768.4—2017）明确了作业区（因道路施工等作业影响交通运行而进行交通管控的区域）的组成、限速值、各组成区域的最小长度、交通标志标线的设置规定等，尤其是作业区布置的相关条文规定了在哪些情况下须封闭车道、作业区交通标志的设置规范。该标准还对高速公路、一级公路的作业区提出了布置要求，并给出了封闭路段绕行路径指示、加速车道上作业过渡区布置、加速车道作业区封闭相邻车道等多种情形的示例，其相关内容是开展交通疏导工程设计所必须遵循的规范和重要参考。图 2-4 所示为作业区组成示意图。

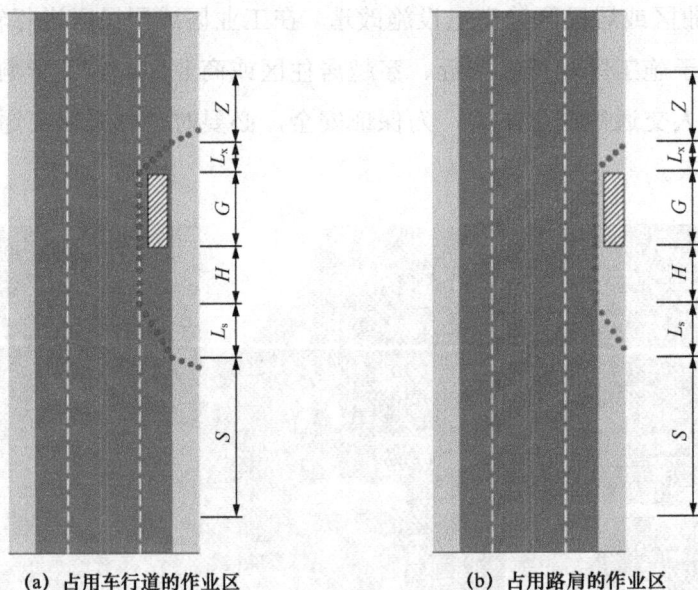

(a) 占用车行道的作业区　　　　　(b) 占用路肩的作业区

图 2-4 作业区组成示意图

S—警告区；L_s—车道封闭上游过渡区；H—缓冲区；G—工作区；L_x—下游过渡区；Z—终止区

2）行业标准层面，公安部及住房和城乡建设部均针对交通管理相关的内容发布了相应标准。

中华人民共和国公共安全行业标准《城市道路施工作业交通组织规范》（GA/T 900—2010）规定了城市道路施工作业交通组织原则、交通组织要求、交通管理设施设置要求、施工方案要求、交通组织方案编制和交通组织设计流程等，明确了需要编制交通组织方案的情形、交通组织方案应满足的要求、道路施工作业交通组织设计流程等。

住房和城乡建设部发布的行业标准《建设项目交通影响评价技术标准》（CJJT 141—2010，J 998—2010）对建设项目的交通影响评价做出了基本规定，内容涵盖交通影响评价启动阈值，交通影响评价范围、年限、时段与评价日，交通需求分析，交通影响程度评价，交通改善措施与评价；此外还规定了交通影响评价报告所应包含的内容。

3）地方标准层面，深圳市于 2023 年发布了地方标准《城市道路交通疏解设计标准（征求意见稿）》，根据占道项目的围挡类型和占道比例对项目进行了分类，结合道路类型对占道施工项目进行了分级。在此基础上，规定了交通疏解设计主体的工作内容深度，明确了施工期交通影响评价的内容以及评价流程。

总结而言，各类规程规范是开展交通疏解的技术纲领，是确保交通疏解过程规范性和结果有效性的重要指导。

（2）输变电工程交通疏解的造价管理

1）计价依据方面，当前电力行业定额没有专门适用于交通疏解的内容，因此当前相关计价多以地方定额为主。

交通疏解的计价需要基于交通管理部门认可的交通疏解方案。一般而言，相关费用包括交通疏导人员费用及交通疏导设施费用。其中，交通疏导人员费用根据施工工期及交通疏导方案估算疏导人员工日数，并结合合适的工日单价确定；交通疏导设施主要包括道路交通标线、交通标志、交通监控、隔离护栏、临时便道等，当前的做法是采用地方定额与询价相结合的方式开展计价。然而在实际执行时，交通疏解计价仍然存在一些疑难问题和争议点，主要包括：①交通疏导人员工日单价如何制定科学统一的标准；②交通疏导设施在各定额体系中是否有适用条目；③各项设施投入如何合理确定单价。上述计价争议点是本书研究的重要切入点。

2）造价管理制度方面，部分地区和部门开展了有益探索，为进一步提升计价规范性打下了基础。

地方政府层面，广州市发展改革委为规范工程计价行为印发的《广州市本级政府投资项目估算编制指引（市政交通工程）》（简称指引）对交通影响评价费做出了定义，即交通影响评价费是指委托具有相应资质的机构编制交通组织评估报告，对施工项目实施后可能造成的交通影响进行评估并提出交通改善措施所需的费用。此外该指引还针对典型的道路交通疏解工程出了典型造价指标作为工程计价参考。广州市市政交通工程造价参考指标（交通疏解部分）见表 2-1。

表 2-1　　　　广州市市政交通工程造价参考指标（交通疏解部分）

序号	费用项目	单位	造价指标	说明
1	临时交通标志、标线	km	30 万～100 万元/km	与现状交通影响程度、疏导范围有关
2	交通信号灯控制	—	十字路口每处 50 万～90 万元，丁字路口每处 40 万～60 万元	路口相位越多，指标越高
3	区域智能交通监控系统	—	交叉口每处 18.5 万～22.5 万元	含控制机及光纤租赁
4	电子警察	—	十字路口每处 70 万～80 万元，丁字路口每处 55 万～60 万元	车道越多，指标越高
5	交通监控系统	套	12 万～15 万元/套	交叉口及桥梁隧道重要出入口设置，多相位交叉口套数相应增加
6	光纤租赁接驳费	km	3000～4000 元/km	租赁 5 年
7	隔离护栏	m	380～540 元/km	材质标准越高，指标越高

除了地方政府，部分电网企业也针对业务范围内的交通疏解工程进行研究，并发布了计价指导文件。

广州供电局于 2019 年印发了《广州供电局电力工程交通疏解费计列工作指引》，规范了可行性研究和初步设计阶段交通疏解费用的计价方法。该指引将交通疏解费用分解为两个部分：一是交通疏导人员费用，二是交通设施费用。其中交通疏导人员费用按照 300 元/工日的人工单价结合典型投入工日计算；交通设施费用主要包括道路交通标线、交通标志、交通监控、隔离护栏、临时便道等设施的设置费用。部分供电企业交通疏解设施造价参考指标见表 2-2。

表 2-2　　　　　　　　　部分供电企业交通疏解设施造价参考指标

序号	费用项目	单位	造价指标
1	道路交通标线	km	10 万元/km
2	交通标志	—	每项工程 20 万~60 万元
3	各类交通警示标志及迁移拆除工作	km	15 万元/km
4	交通监控	—	每个路口 2 万元
5	交通监控系统	套	12 万~15 万元/套
6	隔离护栏	—	每项工程 20 万元
7	临时便道	m²	800 元/m²

总结而言，部分地区和部门虽然针对交通疏解的计价提供了不同形式的指引，但是相关经验不多，且已有经验中对于交通疏解计价的方式、费用标准均存在较大差异，不足以支撑更大范围交通疏解项目的计价规范性。

2.2　相关法律法规政策

法律层面，《中华人民共和国道路交通安全法》明确要求，因工程建设需要占用、挖掘道路，或者跨越、穿越道路架设、增设管线设施，应当事先征得道路主管部门的同意；影响交通安全的，还应当征得公安机关交通管理部门的同意。施工作业单位应当在经批准的路段和时间内施工作业，并在距离施工作业地点来车方向安全距离处设置明显的安全警示标志，采取防护措施；施工作业完毕，应当迅速清除道路上的障碍物，消除安全隐患，经道路主管部门和公安机关交通管理部门验收合格，符合通行要求后，方可恢复通行。对未中断交通的施工作业道路，公安机关交通管理部门应当加强交通安全监督检查，维护道路交通秩序。

地方性法规层面，广东省根据省内实际情况制定的《广东省道路交通安全条例》进一步明确要求道路主管部门、公安机关交通管理部门应当根据工程建设和道路实际情况，确定施工作业路段和时间；道路主管部门应当加强监督管理，督促施工作业单位按期完工；公安机关交通管理部门应当加强交通安全监督检查，维护道路交通秩序。施工作业单位应当将批准施工作业的部门和施工作业的路段、车道、时间等在施工现场公布，并提前向社会公告，在经批准的路段和时间内完成施工作业。道路施工需要车辆绕行的，施工作业单位应当在绕行处设置标志；不能绕行的，应当修建临时通道，保证车辆和行人安全通行。

地方性规章制度方面，广州、中山等地方政府均对交通疏解相关的工作进行了规定。

广州市自 2012 年 7 月就开始实施道路挖掘相关的仿真评估和视频监管工作规范。《广州市城市道路车行道占用挖掘施工视频监管工作规范》规定，凡在广州市辖区内占用挖掘城市道路主干路的车行道和桥梁、隧道等重要设施超过 2 个月且围蔽面积 1000m² 以上的施工项目，要安装视频监控。通过施工过程中对围蔽区域及周边交通进行视频监管，属地道路管理部门及时了解施工单位是否按既定交通疏解方案、围蔽范围、围蔽时间进行施工，交通疏导标识是否到位，甚至是施工材料、余泥的堆放等情况也一览无遗，大大提高了施工现场"围而不建"的监管力度。同时印发的《广州市城市道路车行道占用挖掘施工交通预评估仿真试验工作规范》提出，在广州市辖区内占用挖掘城市道路主干道的车行道和桥梁、隧道等重要设施 1 个月以上的施工项目，以及可能对城市交通造成严重影响的其他占用挖掘施工项目，需要进行交通预评估仿真试验，预测和评价占道挖掘施工对周围交通系统运行的影响程度，为提前制定应对措施提供参考。"仿真"评估优化交通疏导和"视频"监控信息化手段在加强对城市道路车行道的占道施工管理中发挥着重要作用。通过事前仿真评估、事中视频监管，将信息化手段融入城市道路的精细化管理。仿真将模拟设计分析道路占用挖掘施工对周围交通系统的影响程度，帮助相关部门优化交通疏导方案。占道施工项目先后开展路网交通调查及数据审查、占道施工交通仿真建模、仿真评价及结果分析等三阶段工作，其中交通影响评估结果作为指导车辆绕行方案、公交线路调整、信号灯设置的技术支撑，使交通疏解方案更加科学、完善。2018 年，经修订发布的《广州市城市道路临时占用管理办法》和《广州市城市道路挖掘管理办法》对城市道路的管理提出了更系统全面的要求。《广州市城市道路临时占用管理办法》规定了禁止占用城市道路的情形，明确了占用道路所需履行的审批程序及主管部门。《广州市城市道路挖掘管理办法》明确了城市道路挖掘管理的行政主管部门、管理流程和基本规定，规定了申请挖掘城市道路所需提供的资料，并针对特殊原因导致的延期或扩大范围挖掘给出了审批指引。

中山市于 2020 年发布《关于印发中山市道路建设交通疏解管理办法（试行）的通知》（中府办〔2020〕15 号 中府办规字〔2020〕2 号），规定了道路建设交通疏解的主管部门，明确了需要编制交通疏解方案的情形。此外还明确要求两类需要开展交通仿真评估的情形，包括主干路及以上等级道路建设项目，施工期 6 个月以上，被占用道路现状饱和度超过 0.75，占用单向一半或以上的车道；次干路建设项目，施工期 12 个月以上，被占用道路现状饱和度超过 0.75，占用单向一半或以上的车道。

总结而言，各层级的法律法规和规章制度是开展交通疏解必要性的法律依据，是交通疏解实施方式和管理规范的重要来源。

第3章 交通疏解项目管理要点

3.1 项目目标的识别和确定

输变电工程交通疏解必要性的确定需要以法律法规为遵循。《中华人民共和国道路交通安全法》明确了工程建设占用、挖掘道路等情况下的管理权限和管理原则，占道施工应当事先征得道路主管部门的同意，影响交通安全的，还应当征得公安机关交通管理部门的同意。

在可行性研究阶段，经评估工程施工可能会对道路交通产生影响的，还需根据规范规程要求评估是否需要编制专项方案。公共安全行业标准《城市道路施工作业交通组织规范》（GA/T 900—2010）明确规定，以下情况需要编制道路施工作业交通组织方案（交通疏解方案）：

（1）占用城市快速路行车道，施工持续时间覆盖早或晚交通流高峰时段。

（2）连续占用主、次干路施工时间超过 24h，且具备以下情形之一的：

1）主、次干路完全封闭施工。

2）两条以上相邻或交叉主、次干路同时部分封闭施工。

3）高峰小时路段饱和度超过 0.7 的主、次干路部分封闭施工，占用单向一半及以上的车道。

（3）高峰小时路段双向机动车流量超过 700pcu/h 的支路，采取完全封闭施工，且施工时间超过 24h。

经评估需开展交通疏解的项目，还应进一步对项目实施范围进行识别和确定。一般而言，交通疏解范围宜为道路建设项目邻近的城市同等级及以上的道路（至少为次干路）围合的范围。其中快速路的疏解范围可以是建设项目临近的城市快速路、高速公路或临近的第二条主干路及以上等级的道路围合的范围；主干路的疏解范围可以是建设项目临近的主干路及以上等级的道路围合的范围；次干路及支路的疏解范围可以是以建设项目临近的次干路及以上等级的道路围合的范围。

3.2 项目相关方的识别与确定

输变电工程交通疏解往往涉及电网工程建设单位、政府相关部门、交通疏解实施单位、施工单位等各相关方。工程建设单位是工程建设合规性和工程实施安全性的责任部门。政府相关部门根据权利清单履行相关审批职能，因工程建设需要占用、挖掘道路，或者跨越、穿越道路架设、增设管线设施的，应当由道路主管部门审批同意；影响交通安全的，应当由公安机关交通管理部门审批同意。交通疏解实施单位是受工程建设单位委托，根据政府部门审批同意的疏解方案开展交通疏解措施的单位，交通疏解单位有时由工程施工单位承担。工程施工单位须遵守交通疏解方案要求，配合保障交通安全。

总之，输变电工程交通疏解的项目管理涉及多种不同类型的主体，政府相关部门作为审查监督主体，电网建设单位作为责任主体，施工单位及交通疏解单位作为配合实施主体。

3.3 进 度 管 理

交通疏解项目总进度目标的确定一般要基于主体工程的实施工期进行考量。一般而言，主体工程占道施工的开工与完工时间是交通疏解项目实施的开始时间、完成时间。而交通疏解项目实施的前序工作依次是交通疏解方案设计、报批等工作。

1. **交通疏解方案设计**

交通疏解方案的设计一般可按照以下工作流程分解工作项：

（1）开展建设工程资料调查。调查内容包括施工道路现状、设计方案和主体工程施工作业方案。

（2）开展施工影响范围评估。根据主体工程建设资料，初步确定施工影响范围。

（3）交通状况调查。对影响范围内道路交通状况进行调查。调查内容包括道路交通设施、路网交通流量和公共交通状况等。

（4）交通影响分析。分析占道施工方案对现有道路交通状况的影响。

（5）交通组织方案设计。包括机动车交通组织、行人和非机动车交通组织、周边路网改善方案、施工作业控制区交通组织、交通管理设施设置方案、交通管理应急预案、公交线路和站点调整方案等。

（6）交通组织方案评审。道路施工作业交通组织方案设计完成后，由工程建设单位组织专家进行论证。若未能通过论证，重新制订道路施工作业交通组织方案。

2. **交通疏解方案报批**

交通疏解方案编制完成后，一般由建设单位或其委托单位按照交通管理部门的要求进行报审，由交通管理部门对交通疏解方案的成果进行审批，过程中可能涉及资料的线上线下提交、方案的讨论与修改、配合现场勘查、证书（批复文件）的领取等工作内容。交通疏解方案的报批程序由各地方政府办事流程决定，一般包括电子政府信息填报、资料提交、许可申请、现场勘察复核、许可决定领取等步骤。

（1）网上申报工日。网上申报工作包括信息填报、资料扫描整理及录入、流程跟踪。

（2）预审通过递交纸质资料工日。工作内容主要是前往行政服务大厅递交资料。

（3）与交警部门现场勘察工日。配合交警部门现场勘察工作，包括现场往返、现场勘察沟通、确定道路占挖情况及疏解方案。

（4）与交通管理部门现场勘察工日。配合交通管理部门现场勘察工作，包括现场往返、现场勘察沟通、确定道路占挖情况及疏解方案。

（5）领取证书工日。主要为前往行政服务大厅领取批复材料。

3. 交通疏解方案实施

交通疏解方案的实施一般可按照以下工作流程分解工作项：

（1）施工围蔽。设置施工围蔽以隔离施工区域，施工围蔽可以防止非施工人员和车辆进入施工区域，确保施工安全。

（2）交通标志、标线及信号灯设置。在施工区域周边设置明显的交通标志、标线，引导车辆和行人绕行或按照指定路线行驶，根据需要设置临时信号灯，控制交通流，确保施工区域的安全和顺畅。

（3）警示灯和警示标志设置。在夜间或视线不佳的情况下，设置警示灯以提醒过往车辆和行人注意施工区域；同时，在关键位置设置警示标志，以引起人们的注意。

（4）临时交通设施设置。包括临时道路、桥梁、便道等，用于在施工期间确保车辆和行人的正常通行。这些设施可以弥补因施工导致的道路中断或通行能力下降，确保交通的连续性和安全性。

（5）交通监控设备设置。安装摄像头、交通信号控制系统等监控设备，对施工区域的交通状况进行实时监控。通过监控设备，可以实时了解交通状况，及时发现问题并采取应对措施，提高交通疏解的效果。

（6）安全防护设施设置。包括安全网、护栏、挡板等，用于保护施工区域和过往行人、车辆的安全。这些设施可以防止施工物料掉落或飞溅到道路上，减少交通事故发生的风险。

交通疏解项目实施流程如图 3-1 所示。

建设工程资料调查

施工作业道路现状调查 | 设计方案调查 | 施工方案与计划

初步确定施工影响范围

道路交通调查

道路网及交通设施调查 | 路网交通量调查（含过境交通、沿线单位居民出入） | 公交资料调查

重新确定施工影响范围

施工方案评价及改善

交通组织方案设计

机动车交通组织 | 行人、非机动车交通组织 | 周边路网改善方案 | 交通管理设施设置方案 | 作业控制区交通组织 | 交通管理应急预案 | 公交线路与站点调整

专家论证 —— 未通过

通过

政府职能部门审查 —— 未通过

通过

交通组织方案发布

交通组织方案实施

根据方案初期运行情况确定是否需要调整 —— 否

是

交通组织方案优化

调整后交通组织方案

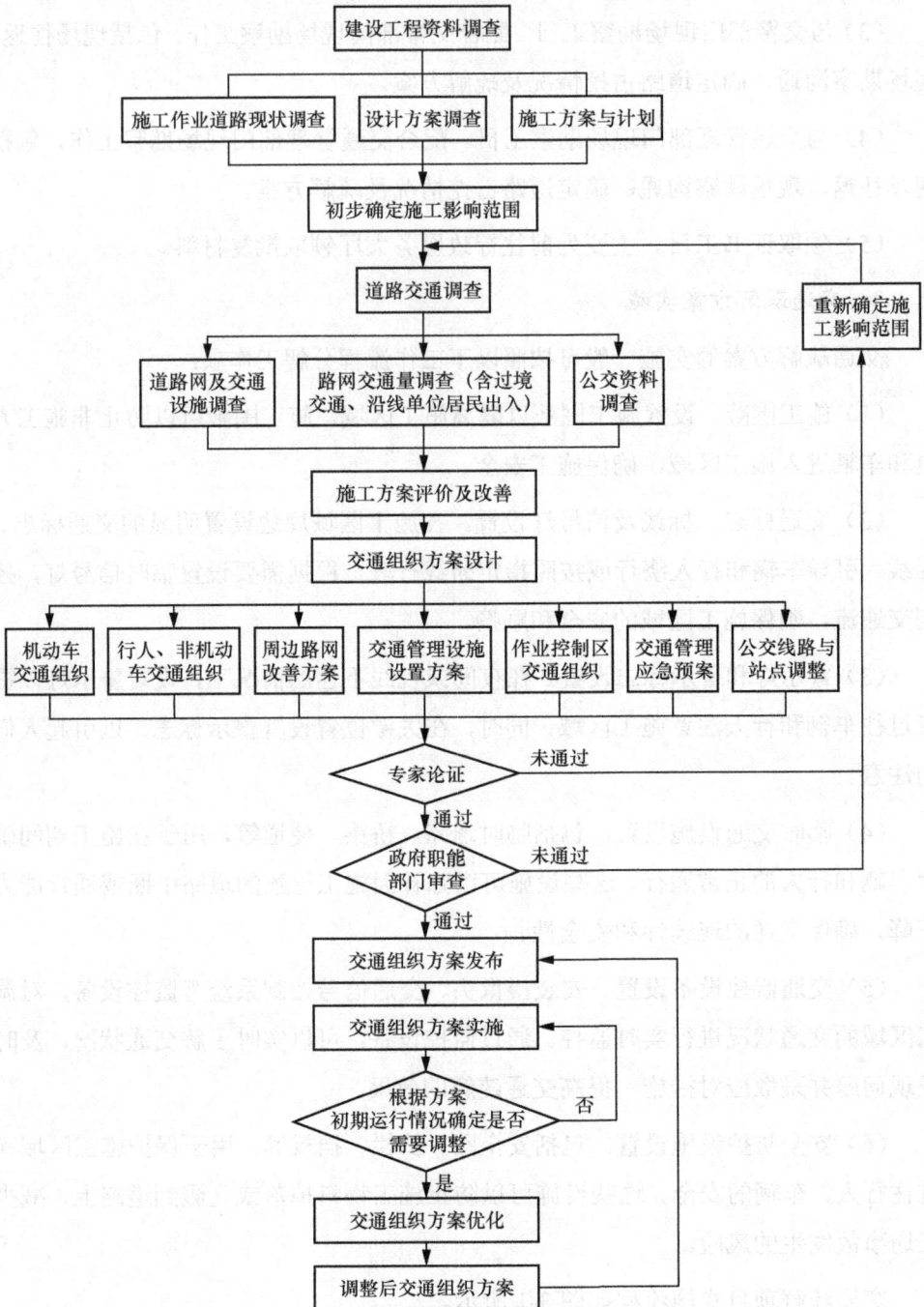

图 3-1 交通疏解项目实施流程

3.4　技　术　管　理

交通疏解设施的设置以及交通疏解实施阶段的技术内容标准化程度较高，因此交通疏解项目技术管理的重心应放在交通疏解方案编制与论证方面。

（1）交通疏解方案编制时应执行道路交通安全法以及相关行业标准的要求。总体原则方面，道路施工作业交通组织应遵循以下原则：

1）从时间上、空间上使交通流均衡分布。

2）提高施工点段、周围路网的通行能力。

3）依次优先保障行人、非机动车及公交车通行。

4）诱导为主，管制为辅。

（2）对于城市道路而言，考虑其人流、车流密集，为尽量减轻交通影响，施工作业交通组织还应满足以下要求：

1）满足施工作业控制区沿线居民、单位工作人员的基本出行需求。

2）优先采取修建临时便道等方法，降低占道施工作业对交通的影响。

3）占道施工路段允许通行的车道或临时便道应满足安全通行的最小宽度要求。

4）视情况调整公交线路、站点，临时公交站点应保障乘客安全上下车。

5）制订交通应急预案，降低交通事故或其他突发事件导致的交通拥堵发生。

（3）与上述原则和要求相一致，公共安全行业标准《城市道路施工作业交通组织规范》（GA/T 900—2010）对交通疏解方案成果提出以下要求：

1）提出临时便道方案，不能修建便道的，提出分流方案。

2）根据流量变化提出交叉口的信号控制方案。

3）提出施工预告标志、绕行标志和其他临时指路标志设置方案。

4）提出临时可移动信号灯、减速垄、护栏等交通管理设置方案。

5）方案成果图应包括交通组织方案图、交通管理设施设置图。

综上，交通疏解方案一般应包含项目概况、交通现状、施工方案、交通需求预测、交通影响评估、交通疏解方案、交通疏解方案评估、交通疏解工程设计、结论及建议等。典型交通疏解项目的技术方案内容见表3-1。

表 3-1 典型交通疏解项目的技术方案内容

序号	章节	主要内容
1	项目概况	项目基本情况、交通疏解范围、研究依据、研究技术路线等
2	交通现状	对施工道路周边区域交通设施现状、施工道路交通运行现状、交通疏解范围内交通组织现状等进行调查，并提供相关照片及图纸说明
3	施工方案	项目工期安排、施工方案及各阶段道路围挡方案
4	交通需求预测	背景交通量预测、项目建设条件下交通量预测、交通仿真（如涉及）、主要道路及交叉口交通运行状况分析
5	交通影响评估	分析主要道路路段及交叉口、公交、慢行交通在有无施工道路施工的变化情况。评估范围内交通运行影响评估、公共交通影响评估、慢行交通影响评估、沿线开口交通影响评估、其他交通设施影响评估
6	交通疏解方案	交通分流及交通诱导措施、道路交通改善措施、公交系统优化方案、慢行系统优化方案、沿线开口优化方案、施工方案及施工时序优化建议
7	交通疏解方案评估	对上述交通疏解方案，分析改善措施实施后的效果。在达到交通组织与管理目标后，方可认为交通疏解方案合格
8	交通疏解工程设计	根据评估后交通疏解方案，提出交通管理设施设置方案、交通管理应急预案；进行交通疏解工程设计并附图说明
9	结论及建议	相关结论与工作建议
10	附件	设计图纸、计算书等

3.5 质量管理

交通疏解项目的质量管理计划应基于不同工作阶段工作内容进行制订。交通疏解方案编制阶段，质量管理计划体现在如何组织编制高质量的疏解方案。交通疏解实施阶段，质量管理计划体现在交通疏解设施设置的质量以及疏解过程的工作质量。

1. 交通疏解方案编制人员和单位的要求

交通疏解方案的编制需要具备交通领域扎实的专业知识和丰富的工作经验，因此一般要求道路建设交通疏解方案编制单位具有交通规划、交通工程设计等专业技术人员，必要时还需配备交通仿真评估相关的设备和软件。道路建设交通疏解方案编制单位有责任和义务对占道施工的交通影响进行客观分析，提出科学、合理、可行的疏解方案措施。

2. 交通疏解方案编制的质量管理

基于相关规程规范要求，通过对以往案例进行提炼，总结部分地区政府职能部门审核交通疏解方案时的关注内容，典型交通疏解方案的质量管理要点梳理见表 3-2。

表 3-2　　　　　　　　　典型交通疏解方案的质量管理要点

序号	内容	质量管理要点
1	项目概况	须涵盖主体项目类型、占道施工部分的技术与施工方案、项目总体设计、必要的附图等 确定疏解范围时须结合主体项目的围挡方案、道路交通影响情况等进行确定 项目研究所依据的规程规范须是最新版本，且符合工程所在地的相关规定
2	交通现状	须梳理周边交通设施现状，包括公交系统的现状、梳理交通运行的现状，并附上相关照片及说明
3	施工方案	工期安排须符合主体工程以及周边交通实际；须对交通数疏解范围内的在建和拟建工程进行充分收资，明确其建设内容、施工位置、施工时间及影响等；施工围挡等图纸须完备
4	交通需求预测	明确评估的年限、评估时间点及时段；分别分析有无本项目的情况下交通量预测，并开展对比分析；必要时开展精确的交通仿真
5	交通影响评估	须分别呈现有无本项目的交通变化情况，包括公共交通、慢行交通、沿线开口交通等
6	交通疏解方案	须涵盖交通分流及诱导措施、道路交通改善措施、公交系统优化方案、慢行系统优化方案、主体工程施工方案及施工时序的优化建议等
7	交通疏解方案评估	积极做好沟通，充分征集相关方的意见
8	交通疏解工程设计	须满足《城市道路施工作业交通组织规范》《道路交通标志和标线》等规程规范的要求
9	结论及建议	结论须清晰、有条理，建议应合理、与工程实际匹配
10	附件	翔实且与方案主体内容保持一致

此外，部分地方政府在审核占道施工作业时会对交通疏解方案设计的内容和深度进行规定，例如深圳市已组织编制城市道路交通疏解设计的地方标准，对施工期交通影响程度评估、交通组织方案的设计与评价等内容进行规定；中山市颁

布了道路建设交通疏解管理办法，对道路交通疏解方案的编制提出明确要求，尤其是对各章节的编制内容进行了详细说明，见表 3-3。

表 3-3　　　　　　　　　　中山市道路建设交通疏解方案内容深度要求

章节	内容深度要求
1 项目概况	（1）项目概况。简述项目类型、项目设计方案，并提供项目总体设计等相关图纸。 （2）交通疏解范围。交通疏解范围根据道路建设项目的围挡方案、被围挡道路的通行能力受影响情况、区域交通分流与交通组织方案所涉及的范围而确定。 （3）研究依据。明确项目依据的标准、规范及相关资料。 （4）技术路线。明确项目的开展思路及技术路线
2 现状交通调查	对施工道路周边区域交通设施现状（设施规模、公交站点及线路）、施工道路交通运行现状（现状道路技术等级、横断面形式、流量，主要交叉口服务水平、信号配时等）、交通疏解范围内交通组织现状（道路建设情况、交通管制情况等）等进行调查，并提供相关照片及图纸说明
3 施工方案简介	简述项目工期安排、施工方案及各期道路围挡方案，并提供项目施工围挡等相关图纸。 调研、调查交通疏解范围内在建及拟建的道路及其他交通设施项目，并附建设项目名称、建设内容、施工位置、施工年限及对本项目影响的图、表说明
4 交通需求预测与仿真	交通需求预测与仿真应包括以下内容： （1）评估年限、评估日及评估时段。明确评估年限、评估日及评估时段。 （2）交通需求预测。 1）背景交通量预测。即在不考虑本项目建设的情况下，考虑自然增长和其他在建、拟建项目施工，预测的交通量。 2）本项目建设条件下交通量预测。即在本项目建设的情况下，考虑自然增长和其他在建、拟建项目施工，预测的交通量。 （3）交通仿真。交通仿真主要对交通疏解范围路网交通流特性进行宏观或中观交通仿真，对交通疏解范围内重要商圈、畸形路口、重点交叉口等交通热点或难点片区进行微观交通仿真。 1）仿真软件选择：建议宏观、中观交通仿真选用 TransCAD、VISUM 等；建议微观交通仿真选用 VISSIM、TransModeler 等。 2）宏观交通仿真：宏观交通仿真模型主要用于城市整体规划，它以车辆整体流动为研究对象，能够分析和重现交通流的宏观特性。 3）中观交通仿真：以车辆群体为研究对象，与宏观模型相比，它可以较为细致地描述交通流特性。 4）微观交通仿真：以个体车辆行为为研究对象，能够非常细致地描述交通系统中每一时刻每一辆车的驾驶行为及其相互作用关系。 （4）主要道路及交叉口交通运行状况分析。分析主要道路路段及交叉口的交通运行情况，并采用表格和附（插）图形式说明评估年限主要道路路段及交叉口的饱和度和服务水平

章节	内容深度要求
5 交通影响评估	分析主要道路路段及交叉口、公交、慢行交通在有无施工道路施工的变化情况。交通影响评估应包括以下内容： （1）评估范围内交通运行影响评估。 1）交通疏解范围内主要交叉口饱和度及服务水平变化。 2）应以服务水平分级为主要评估内容，以饱和度为基本评估指标，并提供相关表格和附（插）图形式说明。 （2）公共交通影响评估。 （3）慢行交通影响评估。 （4）沿线开口交通影响评估。 （5）其他交通设施影响评估
6 交通疏解方案	结合道路施工交通影响评估结论，提出相应的交通疏解方案，交通疏解方案包括以下内容： （1）通分流及交通诱导措施。 （2）道路交通改善措施。 （3）交系统优化方案。 （4）行系统优化方案。 （5）线开口优化方案。 （6）施工方案及施工时序优化建议
7 交通疏解方案评估	针对上述交通疏解方案，分析改善措施实施后的效果。在达到交通组织与管理目标后，方可认为交通疏解方案合格
8 交通疏解工程设计	根据评估后交通疏解方案，提出交通管理设施设置方案、交通管理应急预案；进行交通疏解工程设计并附图说明，设计图纸包括总图及相关分图、大样图等
9 结论及建议	（1）主要结论。总结道路建设项目对交通疏解范围内交通系统的影响程度，明确采取交通疏解方案后交通影响是否可接受，以及是否需要对道路建设项目施工方案进行调整。 （2）相关建议。对交通疏解范围交通影响程度存在显著影响的道路建设项目，应根据相关交通规划、政府近期建设计划、现状道路设施条件和建设项目自身情况制订必要性交通疏解方案，并落实交通疏解方案实施主体，最大限度降低道路建设对交通系统的影响。 对交通疏解范围交通影响程度不显著或交通影响可接受的道路建设项目，应列出推荐实施的交通疏解方案，供施工单位及决策部门参考

3．交通疏解设施设置及疏解过程的质量管理

交通疏解设施的设置，其质量管理的要点在于严格执行《道路交通标志和标线　第 4 部分：作业区》（GB 5768.4—2017）、《城市道路施工作业交通组织规范》（GA/T 900—2010）等标准规范，并遵循各地方政府的管理规定。

交通疏解项目实施单位严格按照批准的交通疏解方案实施，设置满足要求的疏解设施，配足交通疏解专业人员，并在交通疏解过程中严格执行法律法规。

3.6　安　全　管　理

交通疏解项目的安全管理主要在于交通疏解设置过程中的施工安全管理，以及交通疏解过程的交通安全保障。

交通疏解设置过程中的施工安全管理要点与其他工程安全管理内容类似，主要从施工前安全教育与培训、施工过程作业规范、施工安全措施投入、施工过程安全监督等方面开展工作。

确保疏解过程中的交通安全是交通疏解项目安全管理的重要目标，而实现这一目标的重要措施就是在质量管理过程中保证交通疏解方案的编制质量、交通疏解设施的设置质量、交通疏解工作人员的工作质量。

针对交通疏解安全，城市道路施工作业交通管理设施设置要求如下：

（1）施工作业控制区周边道路应设置施工预告标志、绕行标志和其他临时指路标志，引导车辆通行。

（2）临时标志可附着在路灯杆或设置在支架上，设置在支架上的临时交通标志应放置于路外易见处，设置位置应符合相关标准要求，同时应固定牢固，防止意外移动。

（3）施工作业路段宜设置锥形交通路标、护栏等隔离设施，分离机动车、非机动车和行人交通。

（4）施工路段及周边道路的适当位置设置临时可移动信号灯、减速垄、停车或让行标志标线等交通管理设施。

（5）交通标志和标线的设置应符合《道路交通标志和标线　第4部分：作业区》（GB 5768.4—2017）等规范的要求。

3.7　造　价　管　理

交通疏解项目的投资一般作为主体工程的一部分计入工程总造价，相应地，其造价管理的原则与主体输变电工程保持一致。当前交通疏解项目造价管理的难点在于其造价的组成、各要素计价的方法和依据，以及费用属性等方面存在一定的争议，尚未形成统一共识。针对此问题，本书依然由专门章节进行分析论述。

第4章 交通疏解项目计价方法

4.1 交通疏解项目造价构成

交通疏解项目的工程造价一般可分解为疏解方案编制费、疏解方案报批费、疏解人员人工费、疏解设施费用等。

1. 交通疏解方案相关的费用

交通疏解方案指的是交通疏解实施之前编制的关于如何开展交通疏解的报告，内容一般涵盖疏解范围、交通影响分析、疏解方案设计、疏解工程设计等，部分项目需开展仿真评估。按照道路交通安全法和地方道路交通安全条例的规定，工程施工占用道路的需要道路主管部门审批同意，影响交通安全的应当由公安机关交通管理部门审批同意，对于占用高等级道路、施工时间长、交通影响大的情形需要编制交通疏解方案，部分城市还明确了开展视频监控和仿真评估的条件。为保证交通安全，相关标准规范明确了交通疏解设施的设置和疏解人员的投入。特定条件下，建设单位需委托具有资质的单位编制交通疏解方案及开展报批相关工作。对于不需要编制交通疏解方案的，交通疏解方案报批也可由建设单位自行承担或委托交通疏解实施单位开展。

2. 交通疏解实施相关的费用

交通疏解审批通过后，建设单位需委托交通疏解实施单位根据政府部门审批同意的疏解方案开展交通疏解措施的施工。根据交通疏解的规程规范确定的主要交通疏解方案的内容，交通疏解实施主要包括交通疏导人员引导交通和道路交通标线、交通标志、交通监控、隔离护栏、临时便道等交通设施的安拆施工。相应地，交通疏解实施费用主要包括交通疏解人员费用与交通疏解设施费用组成。

其中，交通疏解人员费用指的是交通疏解实施单位组织人员进行交通疏解所产生的全口径的人工成本，包括了使用劳动力而发生的所有直接费用和间接费用的总和，包括交通疏解人员工资报酬、福利费用、教育经费、保险费用、劳动保护费用、住房费用和其他人工成本。交通疏解人员费用的度量一般以工日为单位，按八小时工作制计算。

交通疏解设施费用指的是根据相关标准设置的各种标志标线设施及防护设施的全口径费用，主要包括道路交通标线、交通标志、交通监控、隔离护栏、临时便道等安装拆除施工所消耗的材料摊销、运输等费用。

综上分析，交通疏解费用组成见表 4-1。

表 4-1　　　　　　　　　　交通疏解费用组成

费用名称		费用分类	费用包含内容
交通疏解费用	交通疏解方案	疏解方案编制费	咨询人员投入
		疏解方案报批相关费用	咨询人员投入
	交通疏解实施	交通疏解人员费用	疏解人员投入
		交通疏解设施费用（含设施的设置、拆除）	各种标志标线设施及防护设施主材和安拆人工、消耗性材料和机械投入

4.2　交通疏解方案编制费用计算方法

交通疏解方案编制的造价主要是专业人员投入的人工成本，相应地，其造价组成要素主要为人工费。人工费的计算方式一般包括工日单价法和比例系数法。若按照工日单价法，则：

$$人工费 = 人工工日 \times 人工单价$$

若按照比例系数法，则一般以人工投入产出的工程实体投资额为基数，乘以一定的系数作为人工投入酬劳，典型的如设计费、监理费等费用计算方法。

对于交通疏解工程而言，若按照工日单价法，除了合理确定各类技术人员工日单价外，还需确定各项工作的工日投入数量。但是交通疏解工程类型与规模多样，因此较难针对各类型工程给出明确的工日数量，因此通过工日单价法确定交通疏解方案的编制费用难度极大。

从以往案例以及部分供电局的经验来看，比例系数法是确定交通疏解方案编制费用的主要方法。一般在编制预算时可参照国家计委、建设部《关于发布〈工程勘察设计收费管理规定〉的通知》（计价格〔2002〕10 号）中交通运输工程的类别进行计费，招投标环节按照市场化定价的原则进行确定。需要注意的是，根据《工程勘察设计收费管理规定》，交通运输工程中除水运、索道工程外，其他类型工程的设计工作各阶段工作比例为：初步设计占比 45%，施工图占比 55%。交通设计工程一般不需要开展初设深度的工作，因此在参照《工程勘察设计收费管理规定》时，需扣除初步设计工作量占比。

综上所述，在编制预算或招标限价时，交通疏解方案编制费用可参照国家计委、建设部《关于发布〈工程勘察设计收费管理规定〉的通知》（计价格〔2002〕10 号）中交通运输工程的计算得到工程设计收费基准价后乘以 55%进行确定。当有类似工程合同价作参考时，可参照历史工程进行计列；实际委托时，按照市场化定价的原则进行确定。

4.3　交通疏解方案报批费用特点

交通疏解方案报批费用存在以下特点：

（1）交通疏解方案报批的顺利开展与交通疏解方案编制的质量高度相关，因此从已收集到的案例来看，大部分项目将交通疏解方案报批同步委托由交通疏解编制单位配合实施。

（2）费用规模方面，报批费用与方案编制费用相比属于小额费用，因此从已收集到的案例来看，大部分项目在打捆委托交通疏解方案编制与报批工作时，由投标单位基于市场化竞争的原则在报投标下浮率时自行考虑报批工作所增加的成本。

（3）费用性质方面，交通疏解方案报批的费用应归属于项目法人管理费，报批费用若单独委托，应从项目法人管理费中列支。

基于上述分析，若发生交通疏解方案报批工作，在输变电工程概预算编制时可不单独计列相关费用，实施时建议与交通疏解方案编制费用打捆招标，若单独招标，则从项目法人管理费中列支。

4.4　交通疏解人员费用计算方法

交通疏解人员包括交通疏解员、安全员等人员，负责现场交通的指挥和疏导，确保施工期间的交通秩序和安全，可以根据实际情况调整交通组织措施，应对突发情况。

现场交通疏解员（交通协管员）的配置数量，需要根据交警部门批复的交通疏解方案及交通疏解图进行确定。因此交通疏解人员费用计算方法研究主要是确定工日单价的合理水平。

交通疏导人员与现行电力定额、地方定额中的人员类别、人工工作内容均有所区别，因此不适宜直接套用上述定额的人工费标准。与前文中发电车司机人工费研究类似，本书仍然基于广东省人力成本信息论述某电网企业业务区域内交通疏解人员的合理成本。

2023 年广东省人力成本信息中建筑业相关人员工资价位和人工成本统计信息见表 4-2 和表 4-3。

表 4-2　　　　　**2023 年广东省建筑业相关人员工资价位统计信息**

序号	职业	工资水平/（万元/年）				
		10%	25%	50%	75%	90%
1	保卫和警务辅助人员	2.60	3.08	4.01	7.25	7.62
2	安全员	3.60	5.02	5.40	6.42	9.44

表 4-3　　　　　**2023 年广东省建筑业人工成本构成统计信息**

序号	行业 - 类别	人工成本构成（%）						
		劳动报酬	福利费	教育经费	保险	劳保	住房	其他
1	建筑业 - 土木工程建筑	81.75	3.07	0.47	7.87	0.68	2.94	3.22
2	建筑业 - 建筑安装业	83.66	2.59	0.40	8.97	0.54	2.38	1.46
3	建筑业 - 小型企业	83.64	2.95	0.62	8.29	0.72	1.71	2.07
4	建筑业 - 微型企业	83.40	2.18	0.48	7.41	0.86	2.10	3.57

1. 从业人员类别

从业人员类别主要用于关联工资价位的统计信息。考虑到交通疏导人员的主要职责是确保交通疏解过程中车辆人员的交通安全及有序,因此宜按照"安全员"的工资水平开展测算。

2. 企业类别

企业类别主要用于关联人工成本构成的统计信息。考虑到交通疏解实施企业虽归属于建筑业大类,但是具体细分领域的区分度不强,因此按企业规模类型关联人工成本构成信息。根据《关于印发中小企业划型标准规定的通知》(工信部联企业〔2011〕300号),建筑业营业收入80 000万元以下或资产总额80 000万元以下的为中小微型企业。其中,营业收入6000万元及以上,且资产总额5000万元及以上的为中型企业;营业收入300万元及以上,且资产总额300万元及以上的为小型企业;营业收入300万元以下或资产总额300万元以下的为微型企业。经过调研核实,交通疏解单位多为建筑业小型企业,即劳动报酬约占整体人工成本的83.64%。

根据上述选定的类别,按照每个月平均工作21.75天测算折合单日工资,则各价位水平的交通疏解人员用工成本(八小时工作制)为:

高端水平:9.44/12/21.75/0.8364×10 000=432.43(元/工日)

较高水平:6.42/12/21.75/0.8364×10 000=294.09(元/工日)

中等水平:5.4/12/21.75/0.8364×10 000=247.37(元/工日)

较低水平:5.02/12/21.75/0.8364×10 000=229.96(元/工日)

低端水平:3.6/12/21.75/0.8364×10 000=164.91(元/工日)

上述分析结果中居中的三种价位水平数值与前文中对已有制度、案例的统计信息较为接近。根据费用标准研究的一般原则,推荐中等水平值,即247.37元/工日作为全省交通疏导人员工日单价的平均值。

因上述费用计算过程已考虑了各类人工成本构成,因此计算得到的247.37元/工日应为交通疏解实施单位组织人员进行交通疏解所产生的全口径的人工成本,是使用劳动力而发生的所有直接和间接费用的总和,包括交通疏解人员工资报酬、福利费用、教育经费、保险费用、劳动保护费用、住房费用和其他人工成本。交通疏解人员的工日按八小时工作制计算。

3．地区工资水平差异的计算方法研究

在给出广东全省平均值的基础上，结合各地级市工资水平差异，研究给出不同地区交通疏解人员工资单价的建议值。在研究各地区工资水平差异时比选了两种参照数据，分别是参照电力定额人工费的地区差异和全省平均工资的地区差异。

（1）参照电力定额人工费的地区差异梳理。

现行电力定额中关于定额人工费调整的相关统计信息见表 4-4。

表 4-4　　　　2023 年度广东省电网工程定额人工调整系数统计表

序号	定额类别	人工调整系数（%）			
		广州	深圳	粤港澳大湾区城市	其他城市
1	2018 版电力建设工程概预算定额 - 建筑工程	16.34	16.43	16.25	14.97
2	2018 版电力建设工程概预算定额 - 安装工程	16.62	16.75	16.51	15.05
3	2020 版电网技术改造及检修工程 - 建筑工程	8.96	8.99	8.87	7.94
4	2020 版电网技术改造及检修工程 - 安装工程	9.31	9.37	9.23	8.31
5	2022 版 20kV 及以下配电网工程 - 建筑工程	2.14	2.16	2.11	1.77
6	2022 版 20kV 及以下配电网工程 - 安装工程	2.56	2.59	2.51	2.08

表 4-4 中"粤港澳大湾区城市"指珠海、佛山、惠州、东莞、中山、江门、肇庆共 7 个城市；"其他城市"为韶关、河源、梅州、阳江、湛江、茂名、云浮、清远、潮州、揭阳、汕头、汕尾共 12 个城市。

根据上述信息换算得到调整后的各地区定额人工水平与全省 21 个地市平均水平的比值，以广州地区 2018 版建筑定额人工费为例，计算公式为：

$$\frac{(1+16.34\%)}{(1+16.34\%)+(1+16.43\%)+7\times(1+16.25\%)+12\times(1+14.97\%)}\times21=1.007$$

汇总的计算结果见表 4-5。

表 4-5　　　　　　　**2023 年度广东省各地市定额人工与平均值的比值**

序号	定额类别	各地定额人工费与全省平均的比值			
		广州	深圳	粤港澳大湾区城市	其他城市
1	2018 版电力建设工程概预算定额－建筑工程	1.007	1.008	1.006	0.995
2	2018 版电力建设工程概预算定额－安装工程	1.008	1.009	1.007	0.994
3	2020 版电网技术改造及检修工程－建筑工程	1.006	1.006	1.005	0.996
4	2020 版电网技术改造及检修工程－安装工程	1.005	1.006	1.005	0.996
5	2022 版 20kV 及以下配电网工程－建筑工程	1.002	1.002	1.002	0.999
6	2022 版 20kV 及以下配电网工程－安装工程	1.003	1.003	1.002	0.998

通过表 4-5 的计算结果可以看出,参照电力定额数据得到的各地区定额人工费差异较小,不足以反馈交通疏导人员在各地区的工资水平差异,这主要是因为电力工程中定额人工的数量较多,相应的定额单价差距不明显。因此通过上述分析可知,参照电力定额人工费数据进行交通疏导人员工日单价的差异研究是不合适的。

(2)参照广东省平均工资的地区差异梳理。

本课题通过广东省统计年鉴收集了广东省各地市平均工资,在此基础上折算出各地近三年平均工资与全省平均工资的比例关系,具体见表 4-6。

表 4-6　　　　**广东省各地市平均工资与全省平均工资的比例关系**

地级市	平均工资/（元/月）				与全省平均值的比值
	2022 年	2021 年	2020 年	三年平均	
广州	12 694	12 024	11 262	11 993	1.4471
深圳	13 730	12 964	11 620	12 771	1.5409
珠海	10 511	10 121	8940	9857	1.1893
惠州	8449	8277	7487	8071	0.9738

地级市	平均工资/（元/月）				与全省平均值的比值
	2022 年	2021 年	2020 年	三年平均	
东莞	7814	7414	6633	7287	0.8792
中山	8477	8235	7942	8218	0.9915
江门	8227	7798	7352	7792	0.9402
佛山	9078	8690	7878	8549	1.0314
肇庆	8110	7649	7500	7753	0.9354
汕头	7730	7246	7033	7336	0.8852
韶关	8932	9096	8197	8742	1.0547
河源	7634	7484	7208	7442	0.8979
梅州	7714	7229	7097	7347	0.8864
汕尾	8123	7863	7136	7707	0.9299
阳江	8080	7566	7268	7638	0.9216
湛江	8968	8319	8169	8485	1.0238
茂名	8165	7648	7216	7676	0.9262
清远	8292	8009	7740	8014	0.9669
潮州	7545	7088	6953	7195	0.8682
揭阳	6713	6288	5829	6277	0.7573
云浮	8361	8098	7237	7899	0.9530
全省平均值				8288	

　　根据上述分析结果，考虑到部分城市工资水平接近、同时为了方便造价管理简化档级划分，参照电力定额划分方法，将某电网企业业务范围内的城市划分为

广州、粤港澳大湾区城市、其他城市三个等级，经计算并取整后确定交通疏解人员工日综合单价，具体见表4-7。

表 4-7　　　　　　　　　某电网企业交通疏解人员工日综合单价

序号	城市	工日综合单价/（元/工日）	
		全省平均	地区建议值
1	广州		350
2	粤港澳大湾区城市（珠海、佛山、惠州、东莞、中山、江门、肇庆）	247.37	250
3	其他城市（韶关、河源、梅州、阳江、湛江、茂名、云浮、清远、潮州、揭阳、汕头、汕尾）		230

注：表中费用为综合单价，不需另外计取管理费、利润、税金等费用。

4.5　交通疏解设施费用计算方法

1．交通疏解设施的工作内容

交通疏解实施工作是按照交通疏解方案及交通疏解工程设计图纸开展的一系列的交通疏解设施设置、拆除等工作，一般包括以下内容：

（1）施工临时围栏。

设置施工围蔽以隔离施工区域，施工围蔽可以防止非施工人员和车辆进入施工区域，确保施工安全。

（2）交通标志、标线及信号灯设置。

在施工区域周边设置明显的交通标志、标线，引导车辆和行人绕行或按照指定路线行驶，根据需要设置临时信号灯，控制交通流，确保施工区域的安全和顺畅。

（3）警示灯和警示标志。

在夜间或视线不佳的情况下，设置警示灯以提醒过往车辆和行人注意施工区域；同时，在关键位置设置警示标志，以引起人们的注意。

（4）临时交通设施。

包括临时道路、桥梁、便道等，用于在施工期间确保车辆和行人的正常通行。这些设施可以弥补因施工导致的道路中断或通行能力下降，确保交通的连续性和安全性。

（5）交通监控设备。

安装摄像头、交通信号控制系统等监控设备，对施工区域的交通状况进行实时监控。通过监控设备，可以实时了解交通状况，及时发现问题并采取应对措施，提高交通疏解的效果。

（6）安全防护设施。

包括安全网、护栏、挡板等，用于保护施工区域和过往行人、车辆的安全。这些设施可以防止施工物料掉落或飞溅到道路上，减少交通事故的风险。

（7）居民沟通与信息公告设施。

由于施工区域位于工业区或居民区内部，与居民生活密切相关，因此需要更加注重与居民的沟通和信息公告。除了传统的公告牌、横幅等，还需要利用社区广播、微信公众号等渠道进行信息发布，确保居民及时了解施工情况和交通疏解措施。

2. 施工要素投入梳理

（1）主要材料（含运输）。

现场实施交通疏解需要用到的常规设施有交通疏解公示牌、水马、前方向右（向左）转弯、前方向右（向左）改道、道路施工标识牌、行人绕行标识牌、装警示灯的铁马围栏、减速慢行标识牌、沙桶、爆闪灯、警示灯、黄闪灯、限速牌等。大多数情况下仅涉及少量的材料运输和安装，不需要使用载重汽车等货物运输车辆，一般的皮卡车（电力工程车）就可以完成运输任务。相关材料的安装工作在广东省地方定额中均有涵盖。

（2）设置及拆除所需人工。

安装拆除人工一般为交通疏解实施单位提供的施工人员，其典型耗量及单价在广东省地方定额中已有体现。

（3）设置及拆除所需消耗性材料。

消耗性材料是在交通疏解设施设置及拆除过程中所需要的必要辅助性材料，常见的消耗性材料包括钢板、螺栓、焊条等，其典型耗量及单价在广东省地方定额中已有体现。

（4）设置及拆除所需机械。

交通疏解设施设置及拆除所需的机械一般包括剪板机、路面划线机、切割机等，其典型耗量及单价在广东省地方定额中已有体现。

综上所述，交通疏解设施与其他工程施工一样，往往涉及人工、材料、机械等一系列的施工要素投入。《广东省建设工程计价依据（2018）》配套定额对于常见的交通疏解设施工作内容均有所涵盖。

3. 费用计算方法

根据交通疏解施工要素投入的类型及以往案例分析，可采用《广东省建设工程计价依据（2018）》及配套定额作为交通疏解设施费用的计算依据，具体而言：

（1）交通疏解设施的设置工作执行《广东省市政工程综合定额（2018）第二册：道路工程》中的"D.2.5 道路交通安全管理设施"的相关定额。

（2）交通疏解设施的拆除工作，《广东省建设工程计价依据（2018）》配套定额涵盖的内容执行相关拆除定额子目；《广东省建设工程计价依据（2018）》配套定额不能涵盖的，参照电网工程建设预算编制规定以及交通疏解工程常用做法，按照新建工程的定额子目乘以折减系数考虑，即"人工费×0.3、材料费×0、机械费×0.3"。

（3）常用材料的单价依据以往工程结算价及市场价格信息进行确定，常见设施的材料单价见表 4-8。

表 4-8　　　　　　　　　　　　　常见疏解设施材料单价

名称	单位	单价/元	备注
标志板 120cm×240cm	块	1038.31	具体应用时： （1）需根据工程所在地信息价或市场价核实单价。 （2）可周转材料需考虑摊销，一般不少于 5 次
标志板 120cm×40cm	块	700.39	
标志板 $D=80cm$	块	540.0	
标志板 $A=90cm$	块	649.42	
标志板（副牌 80cm×40cm）	块	206.7	

续表

名称	单位	单价/元	备注
太阳能爆闪灯	个	271.2	
水马	m	115.05	
施工警告灯	个	390.00	具体应用时：
太阳能可变箭头信号	套	1500	（1）需根据工程所在地信息价或市场价核实单价。
防撞消能桶（ϕ80cm）	个	120	（2）可周转材料需考虑摊销，一般不少于 5 次
太阳能 LED 地灯	套	40	
固定式隔离围栏	m	70	
反光锥雪糕桶（H=70cm）	只	30	

（4）根据常见的交通疏解方案，结合《广东省建设工程计价依据（2018）》的相关规定，对常见疏解设施的定额使用建议见表 4-9。

表 4-9　　　　　　　　　常见疏解设施的定额使用建议

序号	疏解设施	《广东省建设工程计价依据（2018）》
1	标准板安装单块面积 3m² 内	D2-5-22
2	信号灯杆、标志杆、门架及零星构件制作/钢管/柱式杆制作	D2-5-1
3	视线诱导器安装/轮廓标	D2-5-29
4	信号灯杆、标志杆安装/单柱式杆/杆高 3500mm 内	D2-5-6
5	道路隔离护栏安装/隔离护栏/活动式	D2-5-19
6	人工挖沟槽土方/一、二类土/深度在 2m 内	D1-1-10
7	自卸汽车运土方/运距 1km 内/实际运距 20km	D1-1-53
8	现浇基础/混凝土/合并制作子目/普通预拌混凝土/碎石粒径综合考虑 C25	D3-1-4
9	水泥砂浆保护层 25mm 厚/实际厚度 150mm 合并制作子目/砌筑用混合砂浆（配合比）/中砂 M10	D7-6-15
10	小型机械拆除混凝土构筑物/有筋	D1-4-69

4.6 交通疏解项目管理与计价指引

1. 交通疏解项目费用属性

（1）关于交通疏解方案编制的费用性质。

交通疏解方案编制从工作性质上属于服务项目建设的技术服务。在项目实施过程中，简单的交通疏解方案可以由项目建设单位自行完成。如需委托第三方编制交通疏解方案，则方案编制费用应归属项目建设技术服务费，属于市场自主定价的范畴。

（2）关于交通疏解方案报批的费用性质。

根据《电网工程建设预算编制与计算规定》（2018 年版，以下简称"电网主网预规"），以下内容应归属于项目法人管理费范畴：

1）项目管理机构开办费。包括相关手续的申办费，项目管理人员临时办公场所建设、维护、拆除、清理或租赁费用，必要办公家具、生活家具、办公用品和交通工具的购置或租赁费用。

2）项目管理工作经费。包括工作人员的基本工资、工资性补贴、辅助工资、职工福利费、劳动保护费、社会保险费、住房公积金；采暖及防暑降温费、日常办公费用、差旅交通费、技术图书资料费、教育及工会经费；固定资产使用费、工具用具使用费、水电费；工程档案管理费；合同订立与公证费、法律顾问费、咨询费、工程信息化管理费、工程审计费；工程会议费、业务接待费；消防治安费，设备材料的催交、验货费，印花税、房产税、车船税费、车辆保险费；建设项目劳动安全验收评价费、工程竣工交付使用的清理费及验收费等。

从交通疏解方案报批的工作内容和工作性质来看，应归属于项目管理工作范畴，与相关手续申办类似，因此交通疏解方案报批费用应归属于项目法人管理费，编制概预算文件时不单独计列。

（3）关于交通疏解实施的费用性质。

交通疏解实施费用包括交通疏解人员费用和交通疏解设施费用，此费用与电网工程临时设施费、安全文明施工费存在容易混淆之处。

电网工程交通疏解费用指为确保主体建设工程项目施工期间，周边道路和交通网络的顺畅运行而发生的费用。从费用属性来看，交通疏解因具有临时性、安全保障性等特点，因此其费用性质与电网工程预算编制规定中的临时设施费、安全文明施工费存在相似之处，容易产生费用归属的争议。

结合前文保供电费用属性章节所开展的分析，预算编制规定中的临时设施费界限清晰，交通疏解实施费用不属于临时设施费范畴。

此外，交通疏解实施中的水马、围挡板等内容在文明施工费的费用内容中有所提及，但是交通疏解实施费也不应属于安全文明施工费的范畴，理由如下：

1）交通疏解是根据道路交通安全管理相关的法律法规要求而采取的措施，安全文明施工对应的是施工安全、环境保护等法律法规要求的安全生产、文明施工、环境保护所需的措施。

2）交通疏解针对的是施工活动对外部交通环境的影响，通过施工期间公众的出行便利和交通安全影响程度而决定措施的类型，这使得它与主要关注施工现场内部条件改善的安全文明施工费有所区别。

3）交通疏解实施的工程量与交通流量、施工地点的交通状况、交通管理需求等相关，而安全文明施工费的计算仅与工程实体的规模（直接工程费）有关。

4）历史案例中，交通疏解一般发生于输配电线路施工占用或影响道路交通的情形，相应本体投资计算得到的安全文明施工费普遍低于对应的交通疏解实施成本。

5）总体而言，交通疏解不属于大部分电网工程会涉及的、正常生产生活需要的工作，应属于特定工程在特定情况下发生的个性化费用。交通疏解相关费用主要是为了解决因本工程引起的相关社会公众的交通安全风险问题，而安全文明施工费中各项内容均为保障项目参建各方的安全文明措施。

基于上述分析可知，交通疏解实施费的实施目的、法律法规依据、费用影响因素、费用水平等方面与安全文明施工费不一致。

（4）关于交通疏解实施费用归属的项目划分。

交通疏解费用与常规的安全保护措施在目的和侧重点上存在显著差异，这些差异可以从以下几个方面进行区分，并证明交通疏解费用不属于主体工程的措施项目：

1）目的与侧重点：交通疏解费用侧重于对项目实施以外的社会公众人员的保护作用，确保施工期间交通的顺畅和安全，减轻交通压力，维护公众利益。常规的措施费侧重于为施工提供便利、为项目实施人员提供安全、减少项目对外的影响等，主要服务于项目本身，确保施工过程的顺利进行。

2）服务对象：交通疏解费用主要服务于社会公众，特别是交通参与者，如驾驶员、行人等。常规的措施费用主要服务于项目实施人员，包括施工人员、管理人员等。

3）作用范围：交通疏解费用作用范围广泛，涉及施工区域周边的交通环境和公众利益。常规的措施费用作用范围相对局限，主要关注施工现场内部的安全和便利。

综上所述，交通疏解费用与常规的安全保护措施在目的、侧重点、服务对象、作用范围和费用性质等方面存在显著差异。交通疏解费用侧重于对项目实施以外的社会公众人员的保护作用，而常规的安全保护措施则主要服务于项目本身。因此，交通疏解实施费用不应归属于主体工程的措施项目。

交通疏解费用主要用于缓解或解决施工对交通造成的影响。在电力工程施工过程中，为了保障施工区域的交通顺畅和行人安全，需要采取一系列的交通疏导、分流或改善措施，也是为了提供电力建设项目施工所需的场地而采取的一系列措施。从性质上来看，交通疏解费用与建设场地征用及清理费有一定的相似性。建设场地征用及清理费主要包括与场地准备和施工前期相关的一系列费用，如土地征用费、拆迁补偿费、场地平整费等。这些费用都是为了确保施工活动能够顺利进行而发生的。因此，交通疏解实施费用宜单列计入建设场地征用及清理费。

2. 交通疏解项目各阶段造价管理要求

（1）可行性研究阶段。

在开展可行性研究时，经预估需要开展交通疏解的，应在可研估算中预留费用。

关于交通疏解方案编制费用，可研估算编制时，可以根据可研阶段交通疏解工程投资按照上文推荐的方法，参照《工程勘察设计收费标准》（2002年修订本）中交通运输工程中相关规定，计算得到工程设计收费基准价后乘以 55%进行确定，也可参照以往类似工程的合同价进行估列，结算时按照委托合同计算。

关于交通疏解方案报批费用，交通疏解方案报批应属于项目管理工作范畴，与相关申办手续类似。因此交通疏解方案报批费用应归属于项目法人管理费，编制可研估算时不单独计列。

关于交通疏解实施费用的计列方法，可研阶段如有预估工程量，则根据上文介绍方法估算交通疏解实施费用，即交通疏导人员根据所在地区分别选用350元、250元、230元作为工日综合单价；交通疏导设施费用执行《广东省建设工程计价依据（2018）》及配套定额。可研阶段无法提供详细工程量的，可参照以往类似工程计列。

（2）初步设计阶段。

初步设计阶段交通疏解相关费用的计列方法与可研估算采用相同的原则。

（3）施工图设计阶段。

编制施工图预算时，交通疏解方案编制费用按委托合同的原则计列。交通疏解方案报批费用不单独计列。

建设单位应当组织设计单位或交通疏解方案编制单位在踏勘及调研的基础上出具交通疏解方案及疏解工程设计图纸，并报相关管理部门审批。施工图预算中应根据专项方案的工程量结合上文方法计列相关费用。按《广东省建设工程计价依据（2018）》的配套定额进行计列，人工材料机械价差调整按预算编制期工程所在地定额站发布的价格信息进行调整。

（4）实施与结算阶段。

在项目实施时，建设单位应当组织设计单位或交通疏解方案编制单位对现场进行复核，并按照批复的交通疏解实施方案开展工作。实施过程中，各方需对实际发生的人工、机械及其他工作量进行签证确认，签证表格式可参考表 4-10 进行设定。

表 4-10　　　　　　　　　交通疏解工程签证表参考格式

序号	项目名称	签证具体要求	单位	数量	说明	签证量
交通疏解	交通疏解工日	按交通疏解起止时间计算，1 个工日为 8h	工日		起止日期及每天的疏解时间段	
	交通疏解人员	按现场实际投入的交通疏导人员数量、时间计算（1 个工日为 8h，按时长折算工日）	工日		每施工段设置×名；涉及××个交通敏感点，共设置×名。总工期×天	
	标线	规格、工作内容（是否包含拆除等）	m²			
	箭头	规格、工作内容（是否包含拆除等）	个			
	菱形标志	规格、工作内容（是否包含拆除等）	个			
	清除标线	规格、工作内容（是否包含拆除等）	m²			
	标志板 120cm×240cm（项目专用）	规格、工作内容（是否包含拆除等）	块			
	水马	规格、工作内容（是否包含拆除等）	m			
	施工警告灯	规格、工作内容（是否包含拆除等）	只			
	太阳能可变箭头信号	规格、工作内容（是否包含拆除等）	套			
	…		…	…	…	…
实施单位签名（盖章）： 年　月　日		监理单位签名（盖章）： 年　月　日		项目实施部门验收人员及项目负责人签名（盖章）： 年　月　日		

在竣工结算时，需以施工合同为基础进行费用结算，并提供结算支撑材料，一般包括不限于：

1）批复的交通疏解方案及工程图纸。

2）交通疏解工程结算书。

3）工程量签证表。

4）现场实施照片等记录文件。

5）交通疏导人员出勤表。

第 5 章 输变电工程交通疏解典型案例

5.1 案 例 描 述

某 110kV 输变电工程，需要新建双回路电缆。电缆工程总长度为 3.2km，采用电缆排管电缆沟敷设方式，电缆城市道路敷设采用明挖施工的方式。

（1）电缆采用 110kV 铜芯交联聚乙烯绝缘、波纹铝护套、线性中密度聚乙烯外护套单芯电缆，型号为 YJLW03-64/110-1×630，标称截面 630mm²。

（2）电缆终端采用户外 GIS 电缆终端 6 只，户外电缆终端 6 只。

（3）中间接头采用整体预制式绝缘中间接头。

（4）电缆、电缆终端及中间接头由供货商直接供货至现场。

（5）工程沿线地形：平地 100%。

（6）工程地质：普通土 100%。

（7）工地运输平均运距：汽车运输平均运距 10km。

5.2 疏 解 方 案

由于电缆施工路段位于市中心繁华地段，周边道路交通繁忙，施工期间将不可避免地影响周边交通。为确保施工期间周边道路的交通顺畅，减少施工对市民出行的影响，需实施交通疏解方案，为期 130 天。

经过实地勘察和交通流量分析，发现施工区域周边有多条主干道和次干道，车流量大，人流密集。施工期间，施工车辆和材料的进出将占用部分道路资源，导致交通拥堵。同时，施工噪声和扬尘也可能对周边居民造成一定影响。

1. 交通疏解实施阶段划分

第一阶段为扩路阶段，施工需要占用西侧非机动车道，西侧外侧行车道占用外侧 1.5m 作为临时非机动车道通行，剩余 3 车道通行（北往南 1 车道，南往北 2 车道）。图 5-1 所示为占用西侧非机动车道的区域。

图 5-1　占用西侧非机动车道的区域

第二阶段为开挖阶段，施工区域需要占用 3 车道（北往南 2 车道，南往北内侧 1 车道）与原西侧非机动车道（扩路完成后为新增行车道的东侧 1 车道），剩余 2 车道通行（北往南 1 车道，南往北 1 新增车道），未施工区域可优化作为通行车辆变道使用。图 5-2 所示为占用原有车道的区域。

第三阶段为线缆敷设阶段，施工区域全线占用 3 车道（北往南 2 车道，南往北内侧 1 车道）与原西侧非机动车道（扩路完成后为新增行车道的东侧 1 车道），剩余 2 车道通行（北往南 1 车道，南往北 1 新增车道）。

交通疏解原则上全天围蔽，横跨路口部分采用夜间施工，白天恢复通行。严格按照《道路交通标志和标线　第四部分：作业区》（GB 5768.4—2017）和《城市道路施工作业交通组织规范》（GA/T 900—2010）执行。

图 5-2 占用原有车道的区域

2. 作业控制区布置

（1）非机动车道作业区布置，如图 5-3 所示。

1）采用围挡将工作区与交通流分隔，并利用渠化设施将上游过渡区、缓冲区和下游过渡区围起。夜间应设置施工警告灯，施工警告灯应设置在围挡、路栏上，同时宜设置在渠化设施顶部。

2）提供人行通道及非机动车通道。

3）利用渠化设施将非机动车道和机动车道分隔。

4）上游过渡区设置行人、非机动车通道指示标志。

（2）机动车道作业区布置，如图 5-4 所示。

1）采用围挡将工作区与交通流分隔，并将上游过渡区、缓冲区和下游过渡区围起。夜间应设置施工警告灯。

2）在作业区上游交叉口所有相交道路上设置标志预告作业区位置。

3）警告区起点设置作业区距离标志预告作业区位置。

4）警告区中点设置车道数变少标志。

5）设置作业区限速标志。

6）上游过渡区内，根据车辆行驶方向设置线形诱导标志或可变箭头信号。

7）终止区末端设置作业区结束标志说明作业区结束位置。

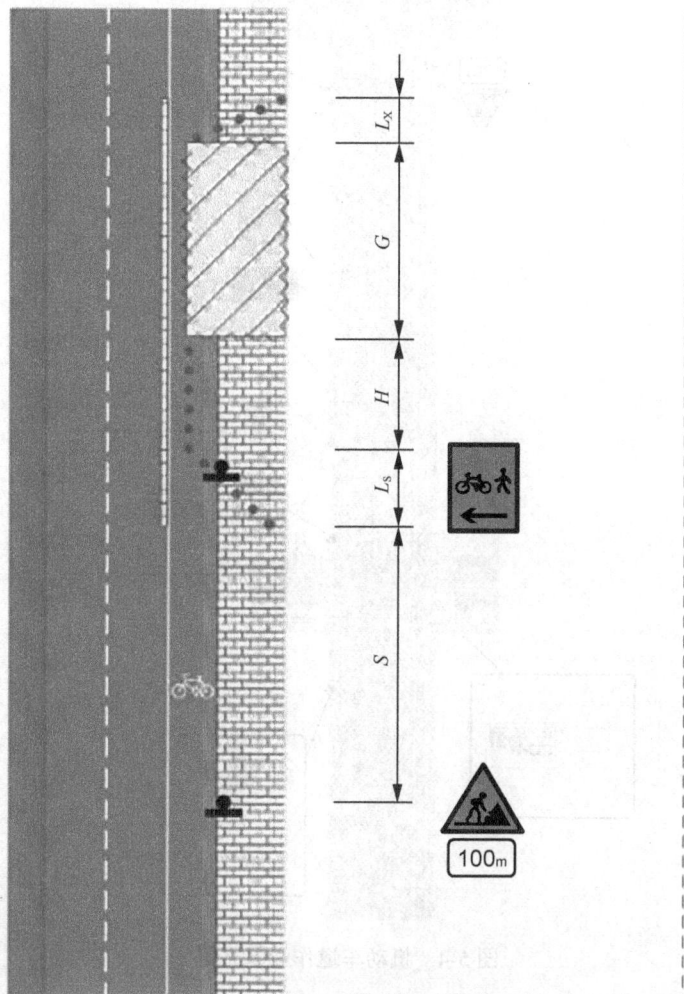

图 5-3　非机动车道作业区布置

3. 交通疏解设计

（1）设计依据和规范。

1）《道路交通标志和标线》（GB 5768—2009）。

2）《道路交通标志和标线　第 4 部分：作业区》（GB 5768.4—2017）。

3）《广州市道路交通管理设施设计技术指引》。

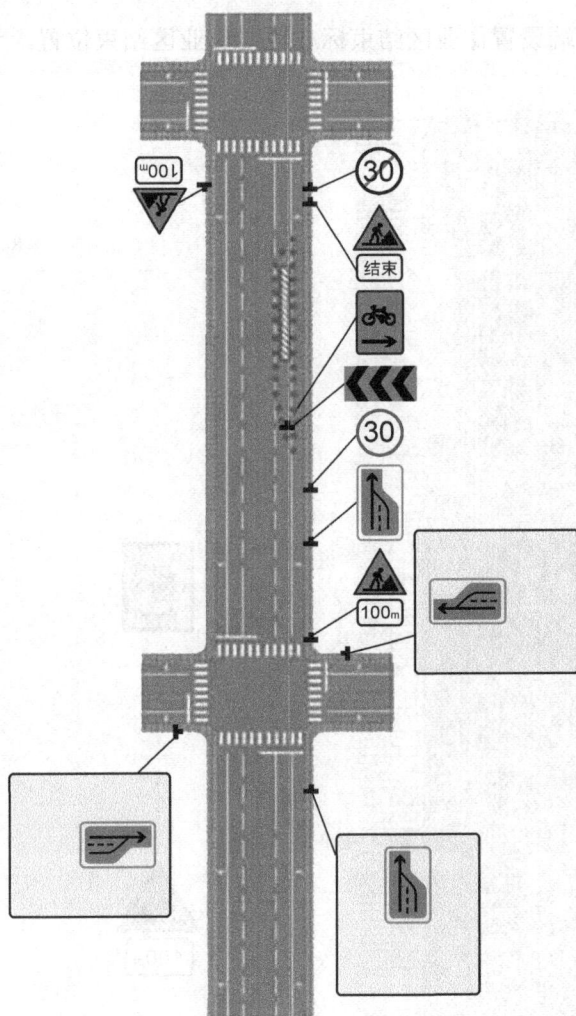

图 5-4　机动车道作业区布置

（注：以原限制 50km/h 为例）

4）《城市道路施工作业交通组织规范》（GA/T 900—2010）。

5）《公路养护安全作业规程》（JTG H30—2015）。

6）《广州市建设工程绿色施工围蔽指导图集》。

（2）交通疏解设计图。

图纸内容包括设计说明、外围疏解布置图、各阶段交通疏解平面图、现状与恢复示意图、大样图（图 5-5 和图 5-6）等。

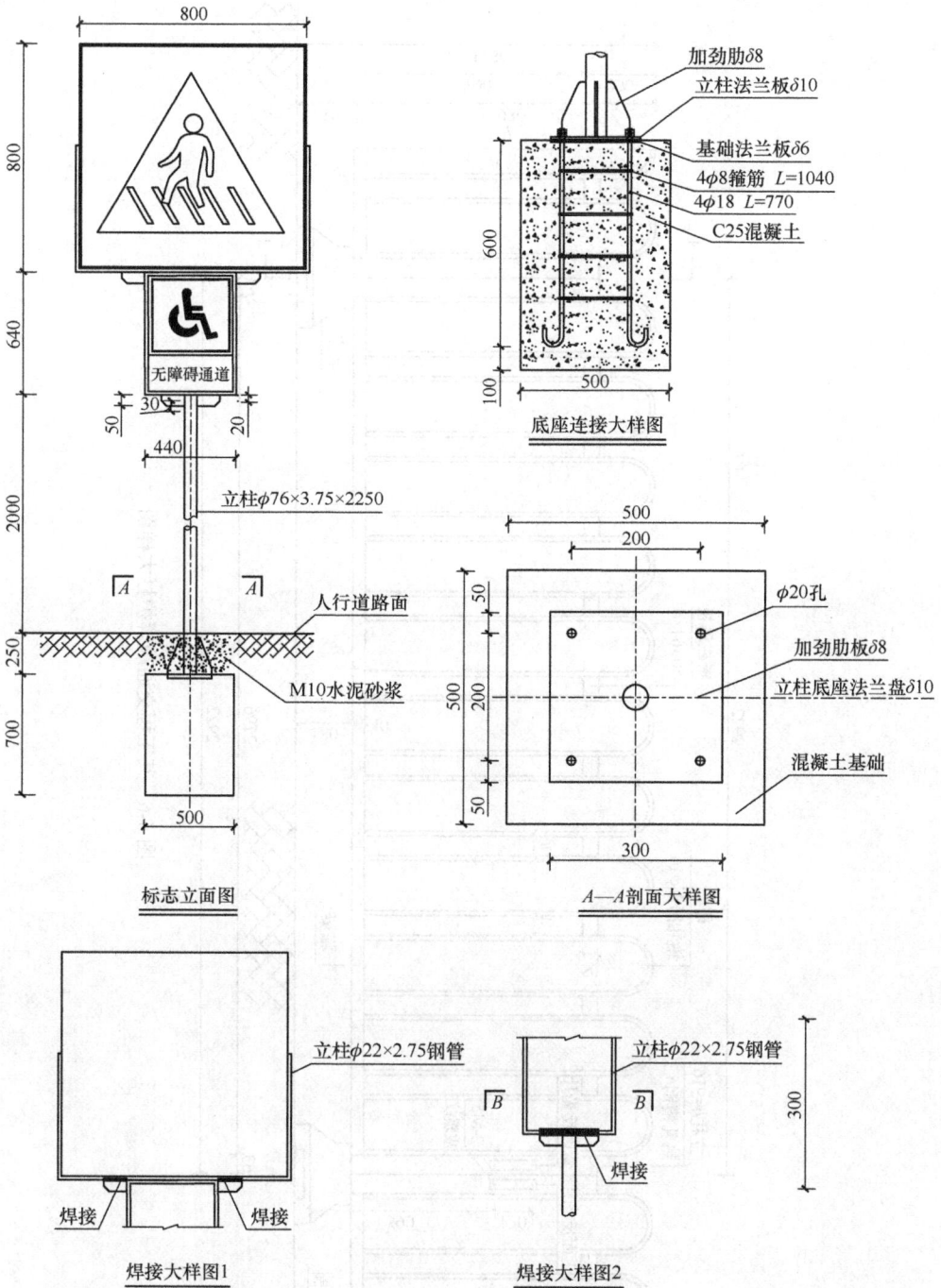

800

800

640

2000

250

700

50 30°

20

440

立柱φ76×3.75×2250

人行道路面

M10水泥砂浆

500

标志立面图

加劲肋δ8
立柱法兰板δ10

基础法兰板δ6
4φ8箍筋　L=1040
4φ18　L=770
C25混凝土

600

100

500

底座连接大样图

500

200

50

φ20孔

加劲肋板δ8

立柱底座法兰盘δ10

500 200

混凝土基础

50

300

A—A剖面大样图

立柱φ22×2.75钢管

立柱φ22×2.75钢管

焊接

焊接

焊接

焊接

300

B

B

焊接大样图1

焊接大样图2

图 5-5　某工程交通疏解标识牌大样图

71

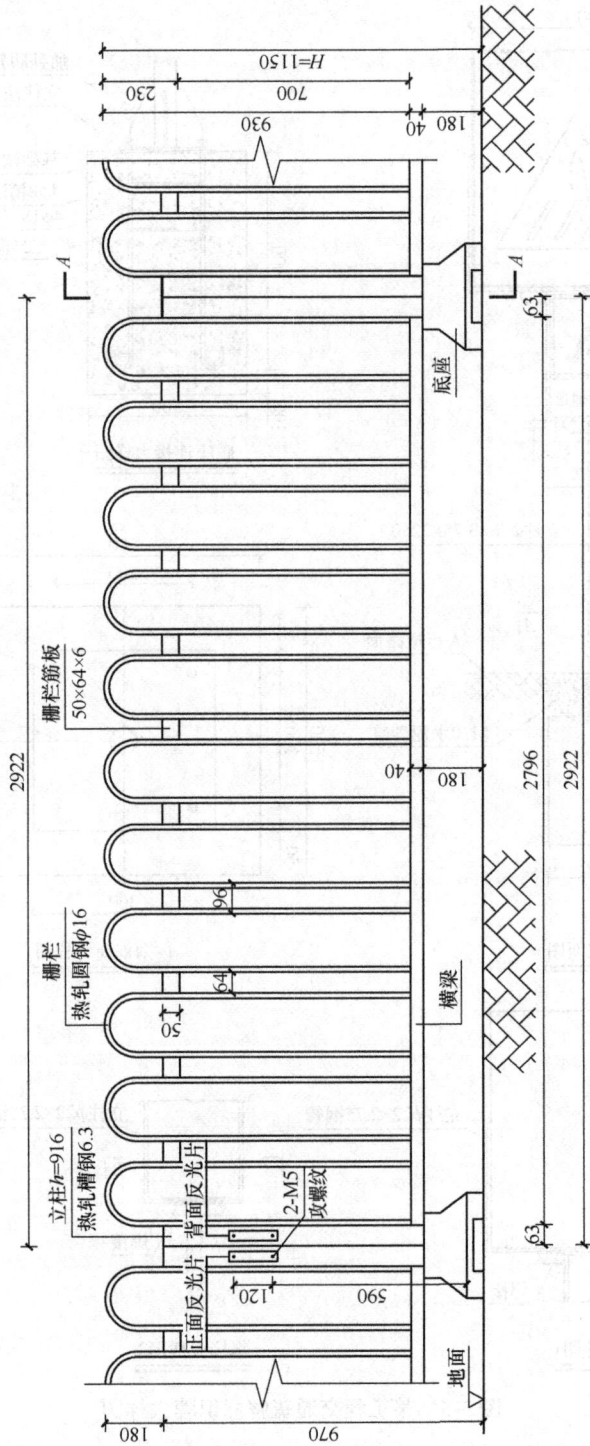

图 5-6　某工程交通疏解护栏大样图

5.3　工 程 量 统 计

按照计价的维度，结合实际图纸及工程量签证单，对本交通疏解项目的工程量进行统计，统计结果见表 5-1。

表 5-1　　　　　　　　　某交通疏解项目工程量统计表

序号	项目名称	签证具体要求	单位	数量	说明	签证量
×××工程交通疏解	交通疏解工日	按交通疏解起止时间计算，1 个工日为 8h	工日	130	起止日期及每天的疏解时间段	130
	交通疏解人员	按现场实际投入的交通疏导人员数量、时间计算（1 个工日为 8h，按时长折算工日）	工日	3870		3870
	标线	热熔反光环保标线	m²	2946.24		2946.24
	箭头	热熔反光环保标线	个	120		120
	菱形标志	热熔反光环保标线	个	28		28
	清除标线	清除标线后涂沥青油	m²	3334.24		3334.24
	标志板	Ⅳ类反光膜 +3mm 厚铝板，含拆除 面积：120cm×240cm	块	35		35
	标志板	Ⅳ类反光膜 +3mm 厚铝板，含拆除 面积：120cm×40cm	块	18		18
	标志板	Ⅳ类反光膜 +3mm 厚铝板，含拆除 直径：D=80cm	块	6		6
	标志板	Ⅳ类反光膜 +3mm 厚铝板，含拆除 边长：A=90cm	块	6		6
	标志板	Ⅳ类反光膜 +3mm 厚铝板，含拆除 面积：80cm×40cm	块	6		6

73

序号	项目名称	签证具体要求	单位	数量	说明	签证量
×××工程交通疏解	路栏	Ⅳ类反光膜+3mm 厚铝板，含拆除 180cm×160cm	块	20		20
	移动式支架	Ⅳ类反光膜+3mm 厚铝板，含拆除 ϕ89mm×4.5mm×2500mm	套	20		20
	标志牌单立杆	含基础，含拆除 ϕ76mm×4mm×2900mm	支	6		6
	标志牌单立杆	含基础，含拆除 ϕ76mm×4mm×3300mm	支	6		6
	标志牌单立杆	含基础，含拆除 ϕ89mm×4.5mm×4500mm	支	17		17
	标志牌单立杆	含基础，含拆除 ϕ89mm×4.5mm×5000mm	支	18		18
	太阳能爆闪灯	太阳能，含拆除 四灯	套	21		21
	水马	需往水马注水，含拆除 高 80cm	m	1346		1346
	施工警告灯	太阳能，含拆除 ϕ38cm	个	839		839
	可变箭头信号	太阳能，含拆除 135cm×45cm	套	20		20
实施单位签名（盖章）： 　年　月　日		监理单位签名（盖章）： 　年　月　日		项目实施部门验收人员及项目负责人签名（盖章）： 　年　月　日		

5.4　工 程 造 价 计 算

运用本工程所在地适用的《广东省建设工程计价依据（2018）》及配套定额

进行造价计算。按照定额的计算结果为 2 305 560.64 元，计算过程见表 5-2～表 5-4。竣工结算总价乘以施工合同下浮率 5%，得到本次交通疏解工程结算费用为 2 190 282.61 元。

表 5-2 　　　　　　　　　　　单位工程竣工结算汇总表

工程名称：案例工程　　　　　　　　　　　标段：　　　　　　　　第　页　共　页

序号	汇总内容	金额/元
1	分部分项合计	1 816 924.2
1.1	交通设施	1 816 924.2
2	措施合计	270 904.92
2.1	绿色施工安全防护措施费	270 904.92
2.2	其他措施费	
3	其他项目	27 364.13
3.1	暂列金额	
3.2	暂估价	
3.3	计日工	
3.4	总承包服务费	
3.5	预算包干费	27 364.13
3.6	工程优质费	
3.7	概算幅度差	
3.8	索赔费用	
3.9	现场签证费用	
3.10	其他费用	
4	税前工程造价	2 115 193.25
5	税金	190 367.39
6	总造价	2 305 560.64
7	人工费	107 132.76
竣工结算总价合计=1+2+3+5		2 305 560.64

注：如无单位工程划分，单项工程也使用本表汇总。

表 5-3   分部分项工程和单价措施项目清单与计价表

工程名称：××工程   标段：   第 页 共 页

序号	项目编码	项目名称	项目特征描述	计量单位	工程量	综合单价	金额/元 综合合价	其中 暂估价
		交通设施					1 816 924.2	
1	04020500 6001	标线	按国家标准，线厚 1.8mm	m²	2946.24	35.36	104 179.05	
2	04020500 7001	箭头	按国家标准，线厚 1.8mm	个	120	177.44	21 292.8	
3	04020500 7002	菱形标志		个	28	227.21	6361.88	
4	04020500 9001	清除标线		m²	3334.24	30.65	102 194.46	
5	04020500 4022	标志板 120cm×240cm （项目专用）	1. 类型：标志板（项目专用）。 2. 规格尺寸：120cm×240cm。 3. 板面反光膜等级：3mm 铝板＋Ⅴ类反光膜。 4. 运距：20km。 5. 含拆除	块	14	1757.47	24 604.58	
6	04020500 4026	标志板 120cm×240cm	1. 类型：标志板。 2. 规格尺寸：120cm×240cm。 3. 板面反光膜等级：3mm 铝板＋Ⅴ类反光膜。 4. 运距：20km。 5. 含拆除	块	21	1091.22	22 915.62	

续表

序号	项目编码	项目名称	项目特征描述	计量单位	工程量	综合单价	金额/元 综合合价	其中 暂估价
7	04020500 4027	标志板 120cm×40cm	1. 类型：标志板。 2. 规格尺寸：120cm×40cm。 3. 板面反光膜等级：3mm 铝板＋V 类反光膜。 4. 运距：20km。 5. 含拆除	块	18	700.39	12 607.02	
8	04020500 4028	标志板 D=80cm	1. 类型：标志板。 2. 规格尺寸：D=80cm。 3. 板面反光膜等级：3mm 铝板＋V 类反光膜。 4. 运距：20km。 5. 含拆除	块	6	410.47	2462.82	
9	04020500 4029	标志板 A=90cm	1. 类型：标志板。 2. 规格尺寸：A=90cm。 3. 板面反光膜等级：3mm 铝板＋V 类反光膜。 4. 运距：20km。 5. 含拆除	块	6	432.35	2594.1	
10	04020500 4030	标志板 （副牌 80cm×40cm）	1. 类型：标志板。 2. 规格尺寸：副牌 80cm×40cmm。 3. 板面反光膜等级：3mm 铝板＋V 类反光膜。 4. 运距：20km。 5. 含拆除	块	6	343.81	2062.86	

续表

序号	项目编码	项目名称	项目特征描述	计量单位	工程量	金额/元		其中暂估价
						综合单价	综合合价	
11	04020500404019	标志板（路栏180cm×160cm）	1. 类型：标志板。 2. 规格尺寸：（路栏180cm×160cm）。 3. 板面反光膜等级：3mm铝板+V类反光膜。 4. 运距：20km。 5. 含拆除	块	20	1091.22	21 824.4	
12	04020500403001	移动式支架ϕ89mm×4.5mm×2500mm	1. 材料品种：移动式支架（路栏）。 2. 规格：标志杆ϕ89mm×4.5mm×2500mm。 3. 防腐：热浸镀锌防腐处理。 4. 表面处理：喷涂环氧富锌底漆、银色调和漆各两遍。 5. 含拆除	根	20	388.1	7762	
13	04020500403002	标志单立杆ϕ76mm×4mm×2900mm	1. 材料品种：钢管。 2. 规格：标志杆ϕ76mm×4mm×2900mm。 3. 防腐：热浸镀锌防腐处理。 4. 表面处理：喷涂环氧富锌底漆、银色调和漆各两遍。 5. 基础材料：混凝土C25、M10水泥砂浆。 6. 基础规格：600mm×800mm×800mm，保护层：600mm×800mm×200mm。 7. 含基础顶埋件。 8. 清运基础土方。 9. 含拆除	根	6	342.57	2055.42	

续表

序号	项目编码	项目名称	项目特征描述	计量单位	工程量	金额/元		其中
						综合单价	综合合价	暂估价
14	04020500303003	标志单立杆标志杆 ∅76mm×4mm×3300mm	1. 材料品种：钢管。 2. 规格：标志杆∅76mm×4mm×3300mm。 3. 防腐：热浸镀锌防腐处理。 4. 表面处理：喷涂环氧富锌底漆、银色调和漆各2遍。 5. 基础材料、强度：混凝土 C25、M10 水泥砂浆。 6. 基础规格：600mm×800mm×800mm，保护层：600mm×800mm×200mm。 7. 含基础预埋件。 8. 清运基础土方。 9. 含拆除。	根	6	602.36	3614.16	
15	04020500303004	标志单立杆 ∅89mm×4.5mm×4500mm	1. 材料品种：钢管。 2. 规格：∅89mm×4.5mm×4500mm。 3. 防腐：热浸镀锌防腐处理。 4. 表面处理：喷涂环氧富锌3遍。 5. 基础材料、强度：混凝土 C25、M10 水泥砂浆。 6. 基础规格：1000mm×1000mm×800mm；保护层：1000mm×1000mm×200mm。 7. 含基础预埋件。 8. 清运基础土方。 9. 含拆除。	根	17	1043.58	17 740.86	

续表

序号	项目编码	项目名称	项目特征描述	计量单位	工程量	综合单价	综合合价	其中暂估价
							金额/元	
16	04020503005	标志单立杆 φ89mm×4.5mm×5000mm	1. 材料品种：钢管。 2. 规格：φ89mm×4.5mm×5000mm。 3. 防腐：热浸镀锌防腐处理。 4. 表面处理：喷涂环氧富锌 3 遍。 5. 基础材料、强度：混凝土 C25，M10 水泥砂浆。 6. 基础规格：1000mm×1000mm×800mm；保护层：1000mm×1000mm×200mm。 7. 含基础预埋件。 8. 清运基础土方。 9. 含拆除	根	18	1059.18	19 065.24	
17	04020505005	太阳能爆闪灯（含支架）	1. 材料品种、型号：太阳能爆闪灯。 2. 规格、型号：四灯。 3. 含支架φ89mm×4.5mm×3000mm。 4. 含拆除	只	21	248.51	5218.71	
18	04020512003	水马	1. 规格、型号：1360mm×800mm。 2. 材料品种：滚塑水马。 3. 含拆除	m	1346	52.17	70 220.82	
19	04020505006	施工警告灯	1. 施工警告灯φ38cm。 2. 含拆除	只	839	6	5034	

续表

序号	项目编码	项目名称	项目特征描述	计量单位	工程量	金额/元		
						综合单价	综合合价	其中暂估价
20	04020501400 2	太阳能可变箭头信号	1. 类型：太阳能可变箭头信号 2. 规格型号：120cm×40cm 3. 不含杆 4. 含拆除	套	20	430.67	8613.4	
21	04B001	交通疏导人员	1. 扩路阶段：3 岗×2 人×3 班×25 天（暂定） 2. 立塔阶段：6 岗×2 人×3 班×90 天（暂定） 3. 架线阶段：2 岗×2 人×3 班×15 天（暂定）	工日	3870	350	1 354 500	
		措施项目						
		本页小计					1 438 368.22	
		合 计					1 816 924.2	

注：为计取规费等的使用，可在表中增设"定额人工费"。

表 5-4 **规费、税金项目清单与计价表**

工程名称：案例工程　　　　　　　　　标段：　　　　　　　　第 页 共 页

序号	项目名称	计算基础	取费基数	计算费率 (%)	金额/元
1	税金	分部分项合计+措施合计+其他项目	2 115 193.25	9	190 367.39
		合　计			190 367.39

编制人（造价人员）：　　　　　　　　　复核人（造价工程师）：

参 考 文 献

[1]　余建萍. 城市繁华道路下沉隧道施工交通疏解方案设计 [J]. 城市道桥与防洪，2022（4）：65-67.

[2]　唐敏. 城市轨道交通建设期间交通疏解问题研究 [D]. 长沙理工大学，2011.

[3]　张生. 城市轨道交通建设期间交通疏解问题与技术研究 [J]. 现代城市轨道交通，2022（10）：99-104.

[4]　温智和. 基于三级疏解法的大规模施工交通组织研究 [D]. 华中科技大学，2016.

[5]　王士野. 老城区中心敏感区域地铁施工交通疏解方案探究 [J]. 工程建设与设计，2021（03）：77-79.

[6]　左快乐. 浅谈老城区市政工程施工期交通疏解方案设计 [J]. 城市道桥与防洪，2023（5）：42-45.

[7]　刘士李. 变电站消防改造工程造价水平研究 [J]. 中国电力企业管理，2023（4）：58-59.

[8]　程礼祥，等. 高海拔地区换流站估算计价依据调整的研究 [J]. 电力勘测设计，2023（11）：22-27.

[9]　刘金朋，等. 工程建设计价费用标准测定研究框架体系与关键模块设计 [J]. 建筑经济，2022（8）：83-88.

[10]　邢少霞，等. 海岛配电网工程造价水平分析 [J]. 广西电业，2020（10）：62-66.

[11]　电力规划设计总院. 中国电力发展报告2024 [M]. 北京：人民日报出版社，2024.